Der Sepp
Eine Tiroler Legende

Der Sepp
Eine Tiroler Legende

Der steinige Lebensweg des
Sepp Reinalter
vom Waisenhauskind
zum Keilhosenkönig

Erzählt von
Wolfgang Girardi

Tyrolia-Verlag · Innsbruck-Wien

Die Deutsche Bibliothek – CIP-Einheitsaufnahme

Der Sepp. Eine Tiroler Legende : Der steinige Lebensweg des Sepp
Reinalter vom Waisenhauskind zum Keilhosenkönig /
Erzählt von Girardi. – Innsbruck ; Wien : Tyrolia-Verl., 1994
ISBN 3-7022-1961-7
NE: Girardi, Wolfgang

1994

Umschlag: Mag. Elke Staller
Farblithos: Tiroler Repro, Innsbruck
Satz, Druck und Bindung: Athesia-Tyrolia Druck, Innsbruck

Inhaltsverzeichnis

Vorwort

Ein Segen zum Geleit!

Es gibt viele große Werke zur Geschichte unserer Heimat. Aber immer mehr wächst heute das Interesse an Einzelschicksalen. In diesen Erinnerungen bekommt die Vergangenheit erst jene Wärme und Nähe, die das Selbsterlebte von der kühlen, objektiven Forschung abhebt.

Wolfgang Girardi hat das Leben des Sepp Reinalter und damit eine lange, bewegte Zeit für die Nachwelt festgehalten. Er schrieb die Geschichte eines Mannes, der in den Todeslagern von Workuta im eisigen Norden Rußlands in der Nacht für die russischen Bewacher schneiderte, damit er sein Leben und das seiner Kameraden retten konnte. Später stieg er zum Einkleider vieler Olympiamannschaften auf. Aber er gehörte zu jenen, die sich aus harten und dunklen Zeiten ein warmfühlendes Herz hinübergerettet haben.

Zweimal haben sich unsere Lebenswege berührt: in den Jahren zwischen Mitternachtssonne und Polarnacht an der finnischen Front und dann viel später bei den Firmungen, zu denen er so viele junge Menschen als Pate führte. Als alte Kameraden aus schweren Zeiten wissen wir, was es heißt, wenn der Geist des Friedens über unser Land weht.

Und in dieser Verbundenheit gebe ich dieser „Legende" gern einen Segen als Geleit.

Reinhold Stecher
Bischof von Innsbruck

1. *Die Plentenburg*

Der Fehltritt

Ein strahlender Herbsttag lag über Innsbruck. Man schrieb das Jahr 1914. Grad ein Monat zuvor war Erzherzog Franz Ferdinand, der Thronfolger, in Sarajevo ermordet worden. In tiefer Sorge um seine Völker hatte der alte Kaiser Franz Josef nur ungern das Ultimatum an die Serben und schließlich die Kriegserklärung unterschrieben. Die Tiroler ahnten noch nicht, daß auf sie und die Monarchie eine furchtbare Zeit zukommen würde. Auch das schöne, dunkelhaarige Mädchen ahnte es nicht, das gut gelaunt, ja fröhlich über die fast menschenleere Maria-Theresien-Straße stolzierte. Feierabend! Der zehnstündige Arbeitstag der jungen Schneiderin war endlich zu Ende. Da konnte man doch fröhlich und glücklich sein. Viel Freude und Glück hatte das Mädchen in seinem bisherigen Leben nicht erlebt. Wenn es nur an seine leidvolle Kindheit dachte. Mutterliebe, diesen Segen über den Jahren eines Kindes, hatte es nie gekannt. Im Gegenteil. Als der Vater aus dem Engadin nach Tirol kam, lernte er ein Mädel aus Kematen kennen – und schon nach neun Monaten war sie, die nun fröhlich Feierabend genoß, zur Welt gekommen. Sie war ein „lediges" Kind. Der Vater heiratete die Mutter zwar, aber erst, nachdem Paula zur Welt gekommen war. Noch neun Geschwister sollten dem ersten Kind folgen, alle gut von den armen Eltern betreut. So gut es eben ging in den damaligen Zeiten der Not, die man oft die glücklichen Jahre unter dem alten Kaiser nennt. Ein „lediges" Kind aber war damals eine Schande. Daß Paula, das Ergebnis der „Sünde", das hübscheste aller Kinder wurde, war der gläubigen Mutter kein Trost, sondern im Gegenteil schien es fast so, als wollte die Mutter ihre „Schuld", ein lediges Kind geboren zu haben, auf das arme Mädchen abwälzen und dieses den eigenen „Fehler" entgelten lassen. Die kleine Paula war hübsch, aufgeweckt und fröhlich. Der Vater liebte das Kind. Die Mutter aber steckte es stets in armselige Kleider, in Fetzen, hielt es sehr streng, verbot alles, was zur Freude eines Kindes gehört. Paula kannte das Wort „spielen" kaum. Nur die Geschwister, auf die sie zu achten hatte, durften die Freizeit „spielend" verbringen. Für Paula begann schon in jüngsten Jahren der Tag um 6 Uhr früh. Barfuß und in ärmliche Kleidchen gehüllt, hatte sie für die Bäckerei das Brot auszutragen, täglich vor der Schulzeit. Und wenn sie später, als sie dann schon in der Schneiderlehre war, nach 9 Uhr abends nach Hause kam, sperrte sie die strenge Mutter einfach aus. „Soll sie bleiben, wo der Pfeffer wächst", hieß es, und Paula mußte dann schauen, wo sie ein Nachtlager fand – eine schwere Zeit!

Aber diese lag jetzt hinter dem Mädchen. Paula lebte zwar immer noch daheim bei ihrer Familie, in beengtesten Verhältnissen natürlich, aber sie war glücklich. Verdiente sie doch schon ein paar Kronen, die der gestrengen Mutter und dem gutmütigen Vater recht gelegen kamen. Die harten und kargen Jahre ohne die Liebe einer gütigen Mutter hatten in Paula keine Spuren hinterlassen. Mit ihren 18 Jahren war sie zu einer jungen Schönheit gereift. Aus den Lumpen früherer Jahre war ein nettes, selbstgenähtes Sommerkleid geworden, aus der kurz und billig gehaltenen Mädchenfrisur eine üppige Haarpracht. Ihre fast schwarzen, strahlenden, fröhlichen Augen lachten aus einem bildhübschen Gesicht. Und es brauchte auch nicht viel Phantasie, um zu erkennen, daß sich unter dem Kleid ein wohlgeformter Körper bewegte. Heute würde man sagen, ein fesches Mädchen mit Sex-Appeal schlenderte fröhlich und gut gelaunt über die Maria-Theresien-Straße …

Der beginnende Weltkrieg war in Innsbruck noch kaum merkbar. Am überfüllten Bahnhof vielleicht, auf dem viele Soldaten auf den Abtransport warteten. Vielleicht auch im Hotel Maria-Theresia, das vollgestopft war mit Kadetten, angehenden Offizieren, die nach Innsbruck verlegt worden waren, wahrscheinlich für eine Gebirgsausbildung. Und wie es so der Zufall wollte, spazierte eine Gruppe dieser jungen Kadetten auch an der Annasäule vorbei. Einer von ihnen war Graf Weitz, ein fescher junger Mann, ganz wie man sich einen schneidigen österreichischen Offizier vorstellt. Ob es dann noch Zufall war, daß sich der Weg der Kadetten mit jenem Paulas kreuzte, weiß man heute nicht mehr. Sicher ist, daß auch die Kadetten einen geschulten Blick für hübsche Mädchen ihr eigen nannten. Sie konnten also Paula kaum übersehen und taten es auch nicht. Besonders einer war hingerissen von der natürlich-schönen Erscheinung des Tiroler Dirndls, der junge Graf Weitz. Ein Blick, ein freundlicher Blick zurück, ein Lächeln, ein freundliches Lächeln zurück – jedenfalls scheint es dem jungen, charmanten Grafen bald einmal gelungen zu sein, mit dem hübschen Dirndl ins Gespräch und später auch zu einigen Rendezvous zu kommen.

Lassen wir unserer Phantasie freien Lauf. Fest steht, daß der junge Graf noch im gleichen Jahr 1914 an die Front abkommandiert wurde und als Leutnant sein Leben lassen mußte. Im Jahr 1915, eben neun Monate nach dem kurzen Liebesglück des Grafen mit dem Tiroler Dirndl, kam ein kerngesunder Bub zur Welt. Sein Name: Josef Reinalter. Ein „lediges“ Kind! Dieser Umstand sollte dem Buben noch viele traurige Stunden bereiten.

Das war also im Jahre 1915. Inzwischen ist aus dem Sepp Reinalter ein 80jähriger, immer noch lebens- und wanderlustiger Herr geworden. Wir alle kennen, schätzen und lieben den Seppl. Er hat sich durch ein beinhartes Leben gekämpft und genießt jetzt in solidem Wohlstand seine alten Jahre. Sein Hund, ein reinrassiger Dobermann, „Evita“, ist ein treuer Begleiter seiner stundenlangen Wanderungen und verschönt ihm die oft einsamen Tage. Er könnte besser „parieren“, aber er nützt wohl auch die Gutmütigkeit seines Herrls aus. Sepp Reinalter war jahrzehntelang der wohl freigebigste Ausrüster der österreichischen Skimannschaft. Die Alpinen und die Springer waren ihm besonders ans Herz gewachsen. An die 40 Millionen Schilling hat er an „seine Buabn und Madln" verschenkt. Viele, ja fast alle danken es ihm heute noch. Kaum einer scheut den Umweg über Terfens, wenn er nach Innsbruck muß. Dort oben am Waldrand treffen sie dann den Sepp, ihren alten, stets fröhlichen Freund, der sich über jeden Besuch freut. Über 50 Mädchen und Buben hat der Sepp zur Firmung geführt, bei einer Unzahl von Vereinen ist er Mitglied, Ehrenmitglied oder „unterstützendes" Mitglied. „Jeder moant", sagt der Sepp, „i bin als Millionär auf die Welt kemmen."

Wie wir jetzt wissen, ist er das nicht. Seppl kann sich an seine Mutter nicht erinnern und hat den Vater nie gekannt. Voller Stolz aber sagt er: „Meine Mutter, das war eine Schönheit." Und nach einer kleinen Pause: „Mein Vater ein Graf, das weißt ja eh."

Seit langem hat Sepp Reinalter einen heimlichen Wunsch. Er möchte gern, daß die Leute erfahren, wie hart es für ihn war, sich durchs Leben zu kämpfen. Dieses Leben hat mir Sepp in vielen schönen Stunden erzählt. Es ist unglaublich und oft erschütternd, wie es dem kleinen Seppl erging und wie sich dann der Lehrbub bis zum in aller Welt geachteten Keilhosenkönig hinaufgearbeitet hat. Zugleich ist es ein Blick zurück in die „gute, alte Zeit".

Es gibt keine erfundenen Geschichten in diesem Büchl. Alles, was ich niedergeschrieben habe, hat mir Sepp so erzählt.

Im Waisenhauskittl

An seine frühe Kindheit kann sich Seppl heute natürlich nicht erinnern, obwohl sein Langzeitgedächtnis wie ein Computer funktioniert. Was er über sich und seine Mutter weiß, hat er von Tante Pepi, einer Schwester seiner Mutter, erfahren. Es war nichts Erfreuliches.

Die junge Mutter hatte durch ihre Schwangerschaft und durch das „ledige" Kind Schande über die Familie Reinalter gebracht. Dem kleinen Buben war es nicht vergönnt, im Kreis der Familie seiner Großeltern aufzuwachsen. Er wurde „ausgsteuert" und an „irgendan Bauern in Grinzens" übergeben. Ein armer Bauer, der mit seiner Frau einen kleinen Hof zu bewirtschaften hatte. Der Bub wurde in einem Korb täglich zur Feldarbeit mitgenommen. Weil er ein gesundes, lebendiges Knäblein war, machte er sich durch Schreien bemerkbar, was natürlich den Bauern und seine Bäuerin bei der Feldarbeit störte. Es gab damals ein „bewährtes" Mittel, die Kleinkinder zu beruhigen. Man tauchte den „Luller" ganz einfach in eine Mohnlösung und steckte ihn dem Baby in den Mund. Die Wirkung des Mohns schläferte das Kind ein und versetzte es wohl auch in eine Art Dämmerzustand. Hauptsache war: Die Zieheltern hatten Ruhe bei ihrer Arbeit. Das ging so wochen- und monatelang, bis eines Tages Tante Pepi beim Bauern vorbeischaute, um nach dem kleinen Seppl zu sehen. Die Tante war entsetzt. Das unnatürlich dick gewordene Kind reagierte kaum auf ein Lächeln, wirkte teilnahmslos und krank. Tante Pepi wollte den Kleinen sofort hinunter nach Innsbruck zur Familie bringen. Die Großmutter aber hatte mit ihren eigenen Kindern alle Hände voll zu tun. Diese Hände waren vom Wäschewaschen im kalten Inn voller Rheuma und Gicht und schon halb verkrüppelt. Außerdem mochte sie das „ledige" Kind nicht. Tante Pepi wandte sich also ans Jugendamt, das den kleinen Seppl in einem Waisenhaus für Kleinkinder – damals in der Museumstraße in Innsbruck – unterbrachte. Er war bei den Barmherzigen Schwestern gut versorgt. An Besuche aber oder gar die Liebe seiner schönen Mutter kann sich Seppl nicht erinnern.

Die Kinder hatten genügend zu essen und wurden – Buben wie Mädchen – in graue Kittel gesteckt. Lebhaft erinnert sich Seppl an die Überstellung von der Museumstraße ins Sieberer-Waisenhaus der Schulkinder. Mit fünf Jahren wurde er in das gelbe Haus in der Siebererstraße gebracht. Es war eine große, wirklich barmherzige Schwester, die den kleinen Seppl ins Herz geschlossen hatte und sich ungern vom damals schon lebhaften Kind trennte. Das Kind klammerte sich an seine Ersatzmutter und weinte bitterlich, als es „abgegeben“ wurde. Im Sieberer-Waisenhaus verbrachte der Bub dann zehn Jahre seines jungen Lebens, die zehn furchtbarsten Jahre, die er mitmachen mußte. „I kennt ja heut no in Wuat kemmen, wenn i lei dran denk“, sagt der Sepp. „Es war so furchtbar – dös glaubst ja gar nit.“

In den folgenden Kapiteln wird – bruchstückweise – vom Leben des kleinen Seppl im Sieberer-Waisenhaus erzählt. Die Erinnerungen Seppls gereichen einigen seiner damaligen Erzieher und Erzieherinnen nicht zur Ehre. Das gängigste Erziehungsmittel war die Strafe. Man ließ die armen Kinder merken, daß sie Menschen zweiter Klasse waren, kahlköpfig geschoren, in graue, häßliche Gewänder gekleidet, von niemandem geliebt. Obwohl der kleine Seppl – sie nannten ihn später überall den „Waisenhaus-Seppele“ – viel Häßliches in der „Plentenburg“ erlebt hatte, wurde er ein sehr gläubiger, überaus gutmütiger und fröhlicher Mann, der vielen Menschen mehr Gutes tat, als sie verdienten.

Damals allerdings, als kleiner hilfloser Bub, wünschte er einige Schwestern und den Herrn Direktor zur Hölle ...

Heute weiß der alt und weise gewordene Sepp, daß die Schwestern, von denen die Rede sein wird, pädagogisch und psychologisch völlig ungeschulte, vielleicht vom Leben und auch vom Dienst für Gott und seine Menschen enttäuschte, im ständigen Umgang mit nicht immer braven Kindern hart gewordene alte Frauen waren, denen er schon lange verziehen hat. Es gab auch Schwestern und Lehrer, die gut zu ihm waren, Lichter in der Finsternis seiner jungen Jahre.

Alltag in der „Plentenburg“

In seinem grauen Kittel landete der kleine Seppl also im Sieberer-Waisenhaus. Zuerst einmal hieß es: „Umziehen!“ Heraus aus dem Kittel und hinein in eine ebenso graue Hose. Wenn man fünf Jahre lang einen praktischen Mädchenrock gewohnt war, sträubt man sich natürlich gegen eine Hose. Das tat auch Seppl – und damit gab er schon während der ersten Stunden zu erkennen, daß er ein bockiges Bürschl war, das man streng hernehmen mußte.

Der Tag begann um 6 Uhr früh. Waschen, Brennsuppe, Frühmesse, Schulegehen – und auch in der Volksschule behandelte man die Waisenhäusler wie überall. Kinder und oft auch Lehrer schauten auf die armen Teufel herab, als wären sie Dreck. Weil das Ruhigsitzen nie die Sache des kleinen Seppl war, kam er oft mit geschwollenen Fingern „heim“ in die Plentenburg. „Plentenburg“ deshalb, weil es dreimal wöchentlich Polenta gab. Am Sonntag allerdings standen Brotknödl auf dem Speiseplan.

Am Nachmittag wurde gelernt, vielleicht im Garten gearbeitet, wofür es – auch manchmal für den Seppl – vom alten, gutmütigen Gärtner einen selbstgeschnitzten Rosenkranz gab. Nach der Abendsuppe und der Abendmesse ging es dann in den riesengroßen Schlafsaal. 120 Kinder in dreistöckigen Betten. Die Nachtdienstschwestern beaufsichtigten die Kinder... Da gab es kein Wort mehr nach dem Nachtgebet, das alle Tage mit den Worten endete: „Man weiß nicht wo, man weiß nicht wann, man weiß aber gewiß, daß, wer mit einer Todsünde stirbt, ewig verloren und verdammet ist.“

Ein langweiliger, eintöniger Tag wäre das gewesen, wäre er nicht so oft durch irgendwelche Strafen unterbrochen worden.

Eine fast alltägliche und unmenschliche Strafe war die für Bettnässer. Buben, die vor Aufregung, Angst oder unbewußter Depression ins Bett „gemacht“ hatten, wurden am nächsten Tag in Mädchenkleider gesteckt und während der Frühmesse hinüber zu den Mädchen gestellt. Wie schämten sich die Kleinen! Am Rücken trugen sie ein Schildchen, auf dem „Ich bin ein Bettnässer“ stand. Von den anderen Buben, die oft sehr brutal handelten, wurden sie verhöhnt und ausgelacht. „Kittelschmecker“ – so wurden sie genannt – durchlebten schlimme Jahre.

Genauso schlimme Jahre wie die „vom Teufel gezeugten Kinder“. Eines von diesen war der als „lediger Fratz“ geborene Seppl. Selbst in der Plentenburg wurden diese Kinder verfolgt, als wäre es ihr Verbrechen gewesen, von einer „Ledigen“ geboren worden zu sein. Gangputzen, Kirchenreinigen, Kloputzen, Aufräumen, Kohlenabladen usw. mußten wie selbstverständlich die „Ledigen“. Besonders Schwester Caroline Nabel mochte in ihrem falsch verstandenen Glauben diese „vom Teufel besessenen Kinder“, zu denen auch Seppl zählte, nicht. Er war außerdem quicklebendig, nicht gerade sehr folgsam, wahrheitsfanatisch, durch nichts unterzukriegen – mit einem Wort, „ein Fratz, der im Zuchthaus enden wird“.

Schwester Caroline Nabel

Der kleine Seppl zählte nicht gerade zu den leicht erziehbaren Kindern. Während ihn die anderen Schwestern nahmen, wie er war, kritisierte Schwester Caroline den ganzen Tag lang, sooft es ging, und wegen jeder Kleinigkeit an ihm herum. Mehrmals am Tag „endete er im Zuchthaus“. Natürlich gab es auch im Waisenhaus solche Buben, die keine Gelegenheit ausließen, sich bei den Schwestern beliebt zu machen. Das geschah vor allem durch Vertratschen anderer Leidensgenossen. Und wenn es über einen „Ledigen“ wie den Seppl herging, hatte die hinterfotzige Meldung doppeltes Gewicht. Solche Typen gibt es heute noch in jeder Schule, ja in jeder Klasse. Sie sterben leider nicht aus. Allerdings kommen sie nur bei schlechten Lehrern zum Zug. Schwester Caroline war eine schlechte Erzieherin. Nicht aus Liebe zu

Gott sollten die Kinder gute Menschen werden, sondern aus Furcht vor dem Teufel. Wie gesagt, der kleine Seppl war ein lebendiges Bürschl. Und deshalb kam es schon vor, daß er während der Messe mit seinen Gedanken nicht bei der heiligen Handlung draußen am Altar, sondern eher bei profanen Dingen wie etwa den Mädchen drüben auf der anderen Seite war. Und wenn er dann gar einen unschuldigen Blick hinüber wagte, gab es bestimmt einen, der ihn bei Schwester Caroline vertratschte. Die Strafe folgte auf dem Fuß – besser gesagt – auf die Knie. Seppl und oft auch andere Kinder mußten dann ganz vorn, direkt hinter dem messelesenden Pater, „scheitlknien". Eine schmerzhafte Tortur, die den Kindern den Schweiß auf die Stirne trieb. Und wenn sich dann der Pater umdrehte, um seinen Segen zu spenden, fiel sein Blick auf den stets auffallenden Seppl! Aha, wieder der Reinalter! Vorgemerkt für eine harte Strafe...! Von dieser harten Strafe später.

Eine andere Sache war die mit der Kommunion. Selbstverständlich sollten die Kinder vor der Sonntagskommunion nichts essen. Aber auch nichts trinken. Und weil das der Seppl einmal vergessen hatte und durstig war, nahm er – damals etwa achtjährig – einen kräftigen Schluck Wasser aus dem Gangbrunnen. Die Messe ging ohne Umschauen und ohne Scheitelknien vorüber, auch die heilige Kommunion. Trotzdem wurde er nach der Messe zur Schwester Caroline zitiert. Ein „guter" Freund hatte ihn vertratscht. Mit hochrotem Kopf, ehrlich erschüttert über die Sündhaftigkeit dieses Lausbuben, empfing Schwester Caroline den Seppl. „Der Teufel steckt in dir. Aus dir wird nie ein anständiger Mensch werden. Im Zuchthaus wirst du landen. Marsch in die Ecke mit dir. Warte dort, bis der Pater Regens kommt und dich durch seinen Segen vom Gottlosen befreit!" Der Seppl schlich also in die Ecke. Er war sich keiner allzugroßen Sünde bewußt. War es wirklich so furchtbar, vor der Kommunion einen Schluck Wasser zu trinken? So streng konnte der liebe Gott doch nicht sein. Gab es ihn überhaupt? Und wenn, warum hatte er ganz und gar auf ihn vergessen? War er wirklich ein Werkzeug des Teufels? Nein, das konnte ihm diese alte, böse Schwester Caroline mit ihrem zornroten Gesicht nicht einreden! Aber warum trifft es immer wieder ihn, gerade ihn? Ja, ja, er weiß schon. Weil er ein „Lediger" ist, weil er keine Mutter hat, die auf ihn schaut, und weil er keinen Vater hat, ihn nicht einmal kennt...

Trübe, traurige Gedanken gingen dem kleinen Seppl durch den Kopf, während er – wie ein Ausgestoßener – in der Ecke stand und auf den Segen, auf die Erlösung vom Teufel durch den Pater Regens wartete. Der Pater kam dann nach einer guten Stunde und „befreite" ihn durch seinen Segen vom Teufel. Auch dieser Tag in der Plentenburg ging vorbei. Die Worte nach dem Abendgebet: „Man weiß nicht wann, man weiß nicht wo..." verfolgten den Buben heute lang, bis er endlich in den erlösenden Schlaf sank.

Die Schmach, „Ledige" zu sein, selbst im Waisenhaus als Kinder zweiter Klasse zu gelten, verfolgt und beschimpft zu werden, war ein – wenn auch lockeres – Band, das die Buben zusammenhielt. Einer der „Ledigen" war draufgekommen, wer den Seppl wegen des Wassertrinkens bei Schwester Caroline vertratscht hatte. Natürlich sagte er es hinter vorgehaltener Hand dem kleinen Seppl. Und nun erwachte im Buben wohl das Erbgut seines Vaters, eines jungen Offiziers ... „Gfalln hab i mir nix lassen", sagt der Sepp heute, „und kämpfen hab i in dem Waisenhaus glernt." Kaum hatte der damals eher schmächtige, aber mutige und wohl auch verzweifelte Bub den Tratscher auf dem Gang erwischt – der Zufall wollte es, daß gerade keine Schwester in Sichtweite war – flog er den „falschen Teufel" an, raufte ihn nieder, bekam ihn im „Schwitzkasten" zu fassen, legte den rechten Arm um seinen Hals, drückte zu, drückte – und drückte. Seine angesammelte Wut, seine Ohnmacht dieser ständigen Ungerechtigkeit gegenüber gaben dem Buben mehr Kraft, als man ihm zugetraut hätte. Der Tratscher wehrte sich nicht mehr, wurde blau im Gesicht – erst jetzt ließ ihn Seppl los –, und wie leblos fiel der Bub zu Boden. Erst nach Minuten kam er wieder zu sich. Niemand hatte diesen Raufhandel gesehen, niemand verriet dieses Mal den Seppl. Für ein paar Tage war der Bub jetzt zufrieden. Endlich hatte er selbst einmal Gerechtigkeit üben können. Der Tratscher hat übrigens den Seppl nie mehr verraten. Auch von den Prügeln, die er vom kleinen Seppl einstecken mußte, erfuhren weder die Schwestern noch der Direktor des Hauses, der Pater Regens.

Brotschwester Anna

Damit der Leser nicht den Eindruck hat, die Waisenhausbetreuer hätten nur aus bösen Schwestern und schlagkräftigen Patres bestanden, erinnert sich Sepp gerne an die „Brotschwester". Vor dem Essen hatte jeweils ein Bub die Aufgabe, Brot zu holen. Mit einem großen Korb hatte er zu Schwester Anna zu gehen, die den Korb mit Schwarzbrotschnitten füllte. Die Brotschwester war ein sehr hübsches, gutmütiges und sanft lächelndes Mädchen mit dem Herzen am „rechten Fleck". Es schien fast so, als täten ihr die Kinder – vor allem der Seppl – leid.

Es ereignete sich also folgendes: Nach der Schule war Seppl, jetzt schon Schüler der Hauptschule, langsam und bequem „heim"-gewandert. Er hatte es nicht eilig, in die Plentenburg zu kommen. Auf der Straße gab es Menschen, die er anschauen konnte, schöne Auslagen, besonders die mit den vielen Spielsachen, Pferdegespanne, andere Kinder, mit denen man, wenn sie sich herabließen, mit einem Waisenhäusler zu reden, ein bißchen tratschen konnte – mit einem Wort: Seppl genoß in vollen Zügen die einzige halbe Stunde des Tages, die frei und ohne Zwang und Schimpferei blieb. Freilich hatte der Arme ganz und gar die Zeit vergessen und war – zum Ärgernis der Schwestern – wieder einmal ein paar Minuten zu spät zum Essen gekommen. Die Strafe war einfach – und bekannt. „Josef, stell dich hin und rühr dich nicht mehr!" Seppl wußte bereits aus Erfahrung, was er zu tun hatte. Er mußte sich, wie alle Kinder, die zu spät zum Essen kamen, in eine Ecke stellen, die Arme zur Seite strecken und in dieser Haltung stehen bleiben, bis das Essen zu Ende war. Als zusätzliche Strafe war das Essen gestrichen. Am nächsten Tag meldete sich Seppl, nach der Schule pünktlich eingetroffen, zum Brotholen. Er durfte sogar, war das doch eine Arbeit, die alle anderen nicht gerne taten. Er ging also über den Gang hinunter zur Brotschwester. Wie gesagt, sie war ein Sonnenstrahl für den kleinen Seppl in der Finsternis der Plentenburg. Er hatte das Gefühl, daß es hier einen Menschen gab, der ihn mochte. „Hast gestern wieder nichts zum Essen kriegt, Peppele?" – „Na, i bin z'spat kemmen." Die Schwester steckte ihm dann, ohne viel zu reden, ein frisches Scherzl in den Hosensack. „Aber ja nichts sagen, Peppele." Auch sie hatte unter der Fuchtel der älteren Schwestern zu leiden. Noch heute denkt Sepp mit Dankbarkeit an „seine" junge, liebe Brotschwester Anna. Sie half ihm so manches Mal, seinen stets großen Hunger zu stillen. Heimlich, meistens im versperrten Klo, hat er dann das frische Stück Brot rasch hinuntergeschlungen – und sich richtig wohl gefühlt.

„Ich war schon ein Lausbub",

sagt der Seppl heute noch. Und wenn er so nachdenkt, was er im Waisenhaus erlebt hat und was die Schwestern mit ihm erleben mußten, dann kann er ab und zu auch heute noch herzlich lachen. Da war die Sache mit der langen Nase und der Schwesternhaube:

Wieder einmal hatte der kleine, aber wendige und auch rauflustige Seppl einen „Handel" auszutragen – mit einem Herzpatzl der Schwester Caroline. Ausgerechnet auf dem Gang mußte das sein. Obwohl Seppl – mitten im Raufen – mit einem schwesternfreien Hausgang gerechnet hatte, erschienen gleich drei der älteren Damen, mittendrin – wie verhext – auch Schwester Caroline. Aus war's mit der Rauferei. Während Seppl dastand, als hätte ihn der Blitz getroffen, lief das Herzpatzl auf die Schwestern zu und weinte bitterlich. Gar so fein war Seppl mit ihm nicht umgegangen. Wo die Schuld lag, war den Schwestern klar. „So ein Lausbub! Komm sofort her!" Das war die Caroline. Seppl rührte sich vorerst nicht von der Stelle. Sollte er oder sollte er nicht? Nein, eine Tracht Prügel wollte er sich nicht auch noch abholen. Der Entschluß war gefaßt! Nichts wie fort aus der Reichweite der drei Schwestern. Seppl kehrte ihnen blitzschnell den Rücken zu und lief ganz einfach davon. „Halt, bleib stehn, du Raufbold!" Seppl aber dachte nicht daran. Wenn schon Prügel, dann sollten sie ihn erst erwischen. Vom Parterre lief er mit schnellen Schritten über die breite Stiege, jeweils zwei Stufen auf einmal nehmend, in den ersten Stock hinauf, die Schwestern, wendiger, als er es ihnen zugetraut hatte, hinter ihm her. Wohin aber in diesem weiten Haus? Richtig, ins rettende Klo. Seppl riß die Tür auf, sperrte sie schnell hinter sich zu – und war vorerst gerettet. Schon wenige Sekunden später pumperten die Schwestern an die Tür. „Wirst du herauskommen, du Lausbub, aber schnell!" Seppl dachte nicht daran. Ganz im Gegenteil. Dieses Klo hatte ja auch ein Fenster, und vom Fenster gelangte man in den Hof. Er riß es kurz entschlossen auf, schaute hinunter, überlegte, ob man den Sprung wirklich wagen konnte – und sprang. Die Landung war eine glückliche, also hatte der kleine Seppl doch einen Schutzengel um sich, dem er nicht ganz gleichgültig zu sein schien. Hart war der Aufsprung schon, aber durch sein Federgewicht, seine Wendigkeit und seine von Gott mitgegebene Widerstandskraft überlebte er diesen Verzweiflungssprung aus dem ersten Stock ohne die geringste Verletzung. Die Schwestern oben vor dem Klo wußten noch nicht, daß Seppl schon drunten stand im Hof – in vorläufiger Freiheit. „Josef, mach sofort auf!“ Josef wurde der Seppl genannt, wenn es streng herging. Als sie nach mehrmaliger Ermahnung kein Wort von Josef hörten und auch keinen Laut aus dem Klo vernahmen, wurden sie vorerst ratlos. Was war da geschehen? Daß sich der Seppl vielleicht etwas angetan haben könnte, daran dachten die Schwestern nicht. Das war dem Buben nicht zuzutrauen. Sie wußten, daß „der Lausbub“ so schnell nicht aufgab. Als dann eine der drei Verfolgerinnen aus dem Fenster des Vorraumes zufällig auf den Hof hinunterschaute, stand doch tatsächlich dieser freche Fratz drunten im Gras. Von Angst oder gar Traurigkeit in seinem Gesicht gar keine Spur. Im Gegenteil, er lachte, ja er lachte, glücklich über seine gelungene Flucht. Und als die Entdeckung nun auch Schwester Caroline weitergegeben wurde und auch sie den Lausbuben da drunten sehen wollte, wurde der Seppl gar übermütig in seinem Siegestaumel. Er zeigte seinen Verfolgerinnen, die droben am Fenster klebten, ausgiebig und sehr, sehr deutlich die lange Nase, diese despektierliche Mißachtungskundgebung eines wirklichen Lausbuben. Die drei Schwestern waren empört. So eine Frechheit hatten sie diesem Josef nicht zugetraut. Der war ja tatsächlich vom Teufel besessen. Diese Missetat mußte Folgen haben …

Seppl aber genoß die Minuten der Freiheit im Garten. Selbstverständlich hatte sich seine „Heldentat“ schnell wie ein Lauffeuer unter den Mädchen und Buben verbreitet. Der kleine Seppl war zu einem großen Helden geworden. Imponiert hatte er vielen seiner Leidensgenossen immer schon. Nun aber war er in der Rangordnung der Waisenhäusler eine Stufe höher gestiegen. Die ganz Kleinen verehrten ihn wie einen Helden, die Gleichaltrigen gingen jedem Raufhandel mit ihm aus dem Weg, und auch die Älteren beeindruckte dieser kleine Frechdachs. Seppl war klug und „erfahren“ genug, um zu wissen, was ihm am Abend bevorstand. Natürlich eine Tracht Prügel, wenn nicht gar die „Dunkelkammer“. Um es vorwegzunehmen, es blieb dieses Mal noch bei der Tracht Prügel. Und das kam so:

Natürlich erfuhr auch Pater Regens von dem unglaublichen Vorfall. Da war dann nicht die Rede davon, daß man eigentlich froh und glücklich sein müßte, den Josef gesund und nicht mit gebrochenen Beinen beim Abendessen zu wissen. Daß dieser Josef vielleicht doch nicht eine Ausgeburt des Teufels sein könnte, sondern ganz im Gegenteil unter dem besonderen Schutz des Allmächtigen stehen müßte, daran dachte man auch nicht. Nein, die Rede ging nur über die unfaßbare Untat der „langen Nase" und nicht über den Verzweiflungssprung des verfolgten Buben. Weil Pater Regens selten Gefallen daran fand, den „Saububen" mit dem Stock zu kurieren, sollten diese Sache dieses Mal die Schwestern selbst übernehmen, wie sie sie übrigens schon oft übernommen hatten.

Die Abendsuppe war ausgelöffelt, das Dankgebet gesprochen, als es hieß: „Josef, komm heraus!" Die Untat des Josef war inzwischen bekannt. Die Kinder freuten sich darüber, auch die Brotschwester Anna muß in sich hineingeschmunzelt haben, die drei Verfolgerschwestern aber ärgerten sich noch immer, besonders Schwester Caroline. Dem Seppl sollte der Hintern versohlt werden. Dieses Mal nicht mit dem furchtbaren Stock, sondern mit den – gar nicht so kraftlosen! – Händen der Schwestern. Was sich aber dann im Speisesaal abspielte, war besonders für die Kinder wohl eines der erfreulichsten Schauspiele in ihrem trüben Dasein. Seppl war also „herausgekommen". Er wußte, was er getan hatte, und wußte auch, was jetzt kommen mußte. „Leg dich auf den Stuhl!" Seppl legte sich vorerst willig auf den Stuhl, bäuchlings, den Popo nach oben. Zwei Schwestern hielten ihn an Armen und Beinen, die Caroline führte im „Namen Gottes" ihre kräftige Hand, um aus dem Lausbuben „den Teufel herauszuprügeln". Ein, zwei Schläge klappten recht gut und ohne einen Muckser des gepeinigten Buben. Dann aber wurde es dem Seppl zu dumm. Er begann sich zu wehren, versuchte sich loszureißen, zappelte, strampelte mit den Beinen – es war für Caroline unmöglich, ihr Werk fortzusetzen. Der flinke Seppl hatte sich losgerissen, krallte sich mit seinen Händen an den Kutten der Schwestern fest – erwischte in seiner Verzweiflung die weit ausladende Schwesternhaube der Caroline, riß daran und zog ihr die Haube, obwohl er das wirklich nicht wollte, vom Kopf. Plötzlich Totenstille im Raum. Dann aber, nach anfänglich leichtem Grinsen, ein Riesengelächter der Mädchen und Buben. Schwester Caroline stand vor ihnen, kahlköpfig, wie es der Orden vorschrieb. Komisch anzusehen für die Kinder, die sie erbarmungslos auslachten. Die Schwestern ließen urplötzlich ab von ihrem Werk. Schwester Caroline stürmte mit schamrotem Gesicht aus dem Saal. Heute meint der Seppl: „Da hat ihr der liebe Gott durch mi wohl eins ausgwischt." Daß die Schwester diesen Vorfall dem Seppl nie mehr verziehen hat, war zwar nicht barmherzig, aber verständlich. Und daß der kleine, mutige Seppl in der Gunst des „Publikums" weiter aufgerückt war, war ebenso verständlich.

Die Rache

Nun weiß der Leser bereits, daß der immer wieder „kurierte" Seppl durchaus kein „Heiliger" war. Kleine Strafen nahm er hin, sie gehörten zum Leben in der Plentenburg. Nicht immer erfolgten die Strafen aus einem bestimmten Grund, wenn auch beim Josef eher ein Grund gefunden werden konnte als bei den anderen Kindern. Seppl hat alle diese Schmähungen und Strafen im Waisenhaus nicht mit hängendem und traurigem Kopf über sich ergehen lassen. Er hat sich gewehrt, so gut er nur konnte. Wenn man für eine Gegenwehr so gar keine Mittel zur Verfügung hat, wird man erfinderisch. Sein Lausbubenhirn arbeitete unter dem Druck seiner damaligen Erzieher perfekt. Das zeigt folgende Geschichte, über die der Sepp mit seinen nunmehr fast 80 Jahren noch minutenlang fröhlich lachen kann. Er freut sich heute noch über das Schnippchen, das er und einer seiner Leidensgenossen einem jungen deutschen Geistlichen schlagen konnten.

Die Geschichte geschah während der Sommerferien. Was bedeutet das Wort „Sommerferien“ für einen Waisenhäusler? Die Kinder waren ja deshalb in der Plentenburg, weil sich niemand um sie sorgte, weil sie keine Eltern hatten, weil sie ihre Väter und Mütter kaum oder überhaupt nicht kannten, weil sich ihre Großeltern nicht um sie kümmern konnten oder wollten. Wohin also in den Sommerferien? Natürlich blieben die Kinder im Waisenhaus. Für die Buben gab es da eine sehr nützliche Beschäftigung. Weil die Knaben in der Stadt ja die Ferien genießen wollten, mußten die Waisenhäusler für sie beim Ministrieren einspringen. Die Ferienzeit war dadurch eine furchtbare Zeit. Die erste Messe begann um 5 Uhr, die letzte um 11.30 Uhr. Die Kinder, darunter auch Seppl, wurden auf die verschiedenen Kirchen aufgeteilt. Im Canisianum, in der Jesuitenkirche, der Pfarrkirche, bei den Kreuzschwestern, den Franziskanern, kurzum, in fast allen Kirchen und Kapellen der Stadt mußte ministriert werden. Gerissen haben sich die Buben um das Ministrieren im Canisianum und in der Jesuitenkirche, denn dort bekamen sie am Morgen einen Bosniaken, ein kleines, wohlschmeckendes Weckerl Schwarzbrot. Vor dem Ministrieren gab's in allen anderen Kirchen kein Frühstück – und keinem der meist jungen geistlichen Herren fiel es auf, daß die Buben hungrig waren und oft blaß vor Übelkeit zum Ministrieren antraten. Des öfteren kam es vor, daß junge Priester ein, zwei Wochen lang ihre Ferien in Innsbruck verbrachten. Selbstverständlich mußte jeder von ihnen in gewissen Abständen auch eine Messe lesen. „Da sind sie oft angestanden, einer nach dem anderen, da bist kaum zum Schnaufen kemmen“, sagt der Sepp.

Dieses Mal hatten die Buben Glück. Eine Messe nach der anderen wurde im Canisianum gelesen. Die meisten der jungen geistlichen Herren waren ahnungslos, was die Verpflegungssituation der Buben betraf, aber sie waren nicht lästig mit den Kindern, weil sie um ihr trauriges Dasein wußten. Einer aber, ein eher hagerer, asketischer junger Pater aus Deutschland, war kaum einmal zufrieden mit der Ministrantenarbeit der Buben. Einmal klingelten sie etwas zu früh die Wandlung ein, einmal zu spät, dann gingen sie zu wenig aufrecht oder zu langsam, einmal knieten sie zu weit rechts, dann wieder zu weit in der Mitte, dann verblattelten sie das damals sehr schwere Meßbuch – was sie auch taten, sie konnten es dem „Langen", so nannten ihn die Buben, kaum recht machen. Wir wissen bereits, daß der kleine Seppl nicht so „mir nichts, dir nichts" alles hinnahm, was mit ihm geschah. Er hatte ausgeklügelte Methoden erarbeitet, sich zu wehren, wo er sich wehren konnte. Und das Wort „Lausbub", das er öfter hörte als seinen Namen, wurde nicht immer grundlos als Anrede für ihn verwendet. Heute also war die dritte Messe für den „Langen" angesagt. Weil er gerade wieder arg geschimpft hatte, wollte es ihm der Seppl dieses Mal heimzahlen. Zwei Tage zuvor waren sie zu weit draußen am Rand der Altarstiegen gekniet. Heute sollte sich das ändern. Der „Schlachtplan" war entworfen und sollte nun während der Wandlung auch durchgeführt werden. Wieder knieten die zwei Buben für den Ordnungssinn des „Langen" zu weit draußen. Fuchsteufelswild schien sie der grantige Pater mit seinen Blicken durchbohren zu wollen. Aha, also mehr in die Mitte! Nach dem zweiten Klingeln also rückten die Buben herein, und zwar so weit, daß sie unmittelbar vor dem Pfarrer knieten. Das war wieder zu weit in der Mitte. Die Buben wußten es. Nun konnte der junge Geistliche aber doch nicht die heilige Handlung unterbrechen und zu schimpfen beginnen. Er hob den „Leib des Herrn" in Richtung Himmel – nicht ohne einen giftigen Blick auf die zwei Buben, drehte sich dann gegen den Altar – und kniete andächtig nieder. Das untere Ende seines Meßgewandes lag unmittelbar vor den Knien der Buben. Weil ihre Gedanken nicht bei der heiligen Handlung, sondern bei der Ausführung ihres ausgeklügelten Racheplanes waren, rückten sie blitzschnell noch ein paar Zentimeter der Mitte zu – und knieten sich beide auf das Ende des vor ihnen liegenden Meßgewandes.

Immer noch verweilte der Geistliche in tiefer Andacht. Als er sich, die Hostie in Händen, erheben wollte, zog ihn eine unsichtbare Kraft nach hinten. Er kam nicht hoch und stemmte sich gegen den Widerstand. Diesen Augenblick haben die Buben instinktiv genützt. Sie rutschten schnell wieder herunter mit ihren Knien vom festgeklemmten Meßgewand. Weil sich der Geistliche gegen den Widerstand gestemmt hatte, der jetzt urplötzlich nicht mehr vorhanden war, folgte ein Ausfallschritt nach vorn, der den Schwung abfangen sollte, und weil der liebe Gott mit seinem Diener keine Gnade kannte, stolperte dieser und lag der Länge nach, das Allerheiligste immer noch in Händen, vor dem Altar. „Kannst dir vorstellen, wie mir glacht habn!" Heute weiß der Sepp nicht mehr, ob der „Lange" damals vor Zorn oder vor Scham so rot geworden ist. Gottlob waren keine Andächtigen in der Kapelle, das Mißgeschick blieb also geheim. Und ebenso, „Gott sei Dank", hatte der Geistliche gar nicht mitbekommen, daß die Buben an seiner Bauchlandung vor dem Altar schuld waren. Er glaubte, hängengeblieben zu sein. Die Missetat hatte keinerlei Folgen. Die Freude der geplagten Buben war groß. Und ihr Vertrauen in den lieben Gott muß gestiegen sein, hatte er doch so tapfer zu ihnen gehalten – und nicht zu seinem grantigen Diener.

Übrigens: Eine Folge hatte der Vorfall schon. Der grantige Diener seines Herrn wollte seit seiner Bauchlandung vor dem Altar mit den zwei Lausbuben nichts mehr zu tun haben. Er suchte sich andere Ministranten. Der Seppl freute sich darüber.

Religion: 1

Während der kleine Seppl in der Plentenburg untergebracht war, mußte er selbstverständlich die Schule besuchen. Was die Zeit in der Volksschule betrifft, ist sie mit schmerzlichen Erinnerungen verbunden. Sein Lehrer teilte die Kinder eher nach ihrem Herkommen und den materiellen Verhältnissen der Eltern ein. Wir können uns vorstellen, welchen Rang der ledige Bub aus dem Waisenhaus einnahm. Er war ein Dreck, ein Niemand, den der Lehrer auch nicht mochte. Da gab es selten oder nie ein gutes Wort, eine Geste der Zuneigung des Lehrers zu seinem Schutzbefohlenen, aber es gab mehr als genug Schläge auf die empfindlichen Kinderfinger des Seppl und auch der anderen Waisenhäusler. Oft kam der Seppl mit geschwollenen Fingern heim in die Plentenburg. Als ganz besondere Spezialität hatte sich der wohl etwas sadistische Lehrer folgendes ausgedacht: Die Kinder – vor allem und immer wieder der etwas zappelige, unruhige Seppl – hatten die Hände vorzustrecken, einmal den Handrücken, einmal die Handfläche nach oben, und der Lehrer schlug ihnen mit der Breitkante seines Lineals auf die Finger. Als ob das nicht schon genug schmerzen würde, mußten die Kinder ihre Hände nach den ersten Schlägen unter den Klassenbrunnen halten – und die heute undenkbare Zeremonie wurde wiederholt. Auf nassen Fingern war der Schmerz größer …

Dieser alte Herr in der Volksschule war eine unrühmliche Ausnahme unter den Lehrern des Seppl, an ihn denkt er nicht gern zurück.

In der Hauptschule dann fühlte sich der Bub wohl. Er hatte Lehrer um sich, die ihn nicht nur verstanden, bei einigen hatte er sogar das Gefühl, als würden sie ihn trotz des kahlgeschorenen Kopfes und des Waisenhausgewandes mögen. Das Gewand bestand aus einer immer wieder zusammengeflickten Hose, die über die Knie reichte, und einem fast schwarzen Umhang. Im Spaß wurden die Kinder auch die „schwarzen Mander“ genannt. Die Schüler mußten wöchentlich einmal unter die Dusche, nackt natürlich. Daß der kleine Seppl kein Herkules war, wußten die Lehrer. Daß aber, wie sie sehen mußten, sein Hintern und auch sein Rücken mit roten, oft geschwollenen Striemen bedeckt war, stimmte sie nachdenklich. Sie brauchten nicht zu fragen, woher diese traurigen Zeugen der Waisenhauszucht stammten. Heute würden die Lehrer aufschreien und sich wehren. Damals war das nur schwer möglich. Sie glichen ihr Mitgefühl mit dem Seppl durch Worte und Taten aus. Sehr gut kann sich Sepp an seinen damaligen Religionslehrer erinnern. Er war ein junger, fescher Mann mit blonden Haaren und guten Augen. Heute meint der Sepp: „I muß ihm leid getan habn.“ Im Waisenhaus war man vor allem an der Religionsnote der Kinder interessiert. Daß Josef eine schlechte Religionsnote heimbringen würde – und in der Volksschule war das ja auch so gewesen –, war dem Pater Regens klar. Umso erstaunter waren die Schwestern und er, als der Seppl ein recht gutes Zeugnis präsentierte. Betragen: 1, Fleiß: 1, Religion: 1. Und auch die anderen Noten, vor allem die im Rechnen, waren nicht übel. Sepp erinnert sich, daß er in der Hauptschule nie Schwierigkeiten mit dem Lernen und schon gar nicht mit den Lehrern hatte. Im Gegenteil, der beinahe 80jährige Sepp stimmt heute noch ein Hohelied an, wenn er von den Lehrern der Hauptschule spricht. Er vergißt es nie, daß er einmal, als er im Fach Religion zwischen einem Einser und einem Zweier stand, den jungen Religionslehrer an seiner Kutte zupfte und ihn bat: „Bittschön, Herr Katechet, gebn S' mir doch einen Einser.“ Und nach einem fragenden Blick des Katecheten sagte der Seppl noch: „Wegen dem Waisenhaus.“ – „Ist schon gut, Seppl“, sagte der Katechet und strich dem Buben liebevoll über den geschorenen Kopf. Von da an hatte der Josef Reinalter stets einen Einser im Fach Religion. Aber nicht geschenkt! Er lernte mit Begeisterung und Freude. Umso unerklärlicher wurden dem Buben die Erziehungsmethoden im Waisenhaus. Hatte doch Christus die Liebe zu den Menschen gepredigt, sie vorgelebt, ja sogar gestorben war er dafür. Von dieser Liebe konnte der Bub in der Plentenburg nur wenig entdecken. Aber in der Hauptschule! Da gab es einen Herrn – Sepp erinnert sich gut an den älteren, bärtigen Naturgeschichtslehrer –, der brachte ihm mindestens einmal in der Woche ein gutes Butterbrot mit, das er ihm, ohne daß es die Klassenkameraden sehen konnten, zusteckte. Und ein anderer, es war der Turnlehrer, verwöhnte ihn ab und zu mit ein paar Zuckerln. Was das bedeutete für einen Buben, der bisher kaum einmal einem Gefühl der Zuneigung begegnet war – die Brotschwester Anna war die einzige Ausnahme –, können wir uns vorstellen. Sind wir doch zumeist betreut und beschützt, geliebt und oft auch verwöhnt unter dem Schutz gütiger Elternhände aufgewachsen. Diese Hände kannte Seppl nicht. Umso dankbarer war er den netten Lehrern in der Hauptschule. Sie gaben ihm das Gefühl, nicht die „Ausgeburt des Teufels" zu sein, die „ohnehin im Gefängnis" landen würde, sondern ein ganz normaler, zwar lebendiger und gar nicht zu Schwermut neigender Bub. Er wußte, daß es ein paar Lehrer gab, die ihn trotz seines schäbigen Gewandes, seines kahlgeschorenen Kopfes und seiner Elternlosigkeit mochten. Dieses Gefühl half ihm, die restlichen Jahre in der Plentenburg zu ertragen.

Josef, hol den Stock!

Als Seppl etwa 12 Jahre alt war, schien es fast so, als hätten sich Gott und die Welt gegen ihn verschworen. Ein paar Wochen lang erlebte der Bub ein ausgesprochenes Tief in seinem jungen Leben. Ein Gewitter braute sich über seinem Kopf zusammen. Wieder einmal war es Schwester Caroline, die schuld hatte an diesem Unwetter. Ganz ehrlich aber – auch der Seppl hatte sein Scherflein dazu beigetragen. Wie wir schon einige Male bemerkt haben, war der Seppl alles eher als ein frommes Lämmchen. Im Gegenteil, er entwickelte sich zu einem durchaus selbstbewußten kleinen Kämpfer.

Die Sache kam so:

Warum Schwester Caroline mit dem Seppl gehadert hatte, weiß er heute nicht mehr. Jedenfalls übermannte ihn der Zorn auf seine „Feindin", die ihn so gar nicht mochte. Er rächte sich mit einem Zweizeiler, den er mit Kreide auf die Stufen der breiten Stiege malte. Die Worte kamen ihm so richtig aus dem Herzen. Jeder Bub, jedes Mädel, aber auch jede Schwester, die in den Speisesaal hinaufmußte, konnte in großen Buchstaben lesen, was den Seppl plagte. Breit stand auf einer Stufe geschrieben: „Schwester Caroline Nabel", und auf der nächsten darunter: „halt' doch endlich deinen Schnabel!" Das heimliche Gelächter der Kinder war groß und erlösend, der Unwille, ja der Zorn einiger Schwestern, vor allem der Schwester Caroline, folgenschwer. Seppl weiß heute noch nicht, wer ihn damals vertratscht hat. Wie schon gesagt, diese hinterfotzigen Feiglinge gibt und gab es zu allen Zeiten. Josef also war es, dieser ledige Saufratz, dessen Zukunft als Zuchthäusler ohnehin so gut wie sicher war. Einige der Buben freuten sich heimlich über die Kühnheit des Seppl, die Schwestern aber blickten streng auf ihre Zöglinge. Sie konnten nicht anders, war doch Caroline auch ihnen eine autoritäre „Kollegin". Ob sich die eine oder andere nicht auch über den Spruch des Seppl gefreut hat, läßt sich schwer sagen. Das hübsche Gesicht der Brotschwester Anna jedenfalls schien weniger streng als das Gesicht der Caroline. Voller Mißachtung, zutiefst beleidigt, ja haßerfüllt funkelte die Schwester den Buben mit ihren bösen Augen an. Seppl erwartete eine tüchtige Ohrfeige aus ihren watschenbewährten, großen Händen. Fast zu ruhig für den Buben kam es aus ihrem Mund: „Zwei Stunden Strafe." Damit war dieses Mal die Sache erledigt. Seppl mußte also die karge Freizeit am Nachmittag im Lernsaal verbringen. Eine Strafe, die den Buben kaum noch aus seiner Ruhe bringen konnte. Der Nachmittag kam, die Lernzeit war vorüber, die Kinder stürmten hinunter in den Garten, der Seppl hatte im großen Lernraum zu bleiben. Wortlos versperrte Caroline die Tür. Seppl war allein. Kein Malheur, ähnliches war er gewohnt. Er machte es sich bequem und schaute durch das geschlossene Fenster auf die Straße hinunter. Damals eine eher menschenleere Straße am Rande der Stadt. Die Zeit würde schon irgendwie vergehen. Es war noch keine halbe Stunde vorüber, da verspürte der Bub jenen natürlichen Drang, der jeden zur Verzweiflung bringt, wenn nicht die Möglichkeit besteht, ihm freien Lauf zu lassen. Seppl konnte nicht. Die Tür war versperrt. Er würde es schon aushalten, meinte er. Die Zeit schien stehenzubleiben. Sein Drang wurde zum Schmerz. Er konnte doch nicht mitten in den Saal ... Seppl klopfte an die Tür, zuerst vorsichtig mit den Fingern, dann wurde er lauter und pumperte mit den Fäusten. Keine Reaktion. Er hatte seine Strafe abzusitzen. Was sollte er tun in seiner Verzweiflung? Der Ausweg war entdeckt. Das Fenster! Man konnte es ja öffnen. Gedacht, getan. Seppl öffnete also das Fenster, sprang auf den Balken – und erlöste sich und seine gemarterte Blase –, zugegeben, auf nicht vornehme Weise. Wäre die Siebererstraße – wie gewöhnlich – fast menschenleer gewesen, hätte das nicht stubenreine Benehmen des Seppl kaum Folgen gehabt. So aber mußte gerade in jenem Moment, den Seppl als erlösend empfand, eine junge Mutter ihren Kinderwagen am Waisenhaus vorbeischieben. Ein zufälliger Blick hinauf zu den Fenstern des Waisenhauses ließ sie den Spaziergang stoppen. Das war ja – nein, das konnte nicht sein. Als die Mutter jetzt genau hinaufschaute zum ominösen Fenster, war sie natürlich entsetzt. So einen frechen Lausbuben hatte sie ihr Lebtag nicht gesehen. Wir können es ihr nachfühlen, daß sie schnurstracks ihren Kinderwagen in Richtung Haustür drehte, läutete und sich mit Recht über das skandalöse Benehmen dieses Buben beschwerte. Was war denn das für eine Erziehung in diesem Waisenhaus?

Wie schon gesagt, erlebte der Seppl damals ein Tief in seinem Plentenburgdasein. Dieses Mal gab es keine Frage nach dem Schuldigen. Wieder lachten die Mädchen und die Buben heimlich, wieder waren die Schwestern, dieses Mal fast alle, und der Pater Regens entsetzt. Es ging ja schließlich um den Ruf des Waisenhauses. So eine Schandtat war noch nie passiert – und schon wieder dieser ledige Fratz, diese Ausgeburt des Teufels. Das Gewitter über Seppls Haupt braute sich gewaltig zusammen. Der Himmel war düster und grau, die ersten Blitze zuckten, gefolgt von einem furchtbaren Donner. Dieses Mal schien das Maß voll. Da half kein Karzer und auch nicht die starke Hand der Schwester Caroline. Pater Regens selbst führte am Abend desselben Tages die „Verhandlung". Es half nichts, daß Seppl laut hinausrief: „Ja, was hätt i denn tun solln, wenn man mir die Tür nit aufgmacht hat?" Das kümmerte den Regens nicht. Auf keinen Fall hätte er tun dürfen, was er getan hatte. Es ging hier um den Ruf des Waisenhauses, der durch das Verhalten des Buben tiefen Schaden erlitten hatte. So meinte jedenfalls der Regens, der, als die knappe Befragung ein Ende hatte, kurz sagte: „Josef, hol den Stock!" Das war ein übles Kommando. Seppl kannte es aus früheren Tagen. Der „Stock" war ein etwa 2 m langer Haselnußstecken, der als ständige Drohung furchterregend auf dem Lehrmittelkasten lag, biegsam und scharf wie ein Messer, wenn er auf ein Hinterteil niedersauste. Seppl holte die gegen den Popo und die Seele eines Kindes erniedrigende Waffe vom Kasten und wußte bereits, was da folgen würde. „Komm!" war die kurze Aufforderung des Regens. Er schritt voraus, hinüber über den Gang ins Krankenzimmer. Dieser Raum wurde als Züchtigungsraum verwendet, wenn er nicht von kranken Kindern belegt war. Seppl kannte und fürchtete die Zeremonie. Schon ein paar Mal hatte er in der Schule gefehlt. Nicht, weil er krank war, nein, weil er mit dem blutig geschlagenen Hintern nicht sitzen konnte. „Zieh die Hose aus!" hieß es. Seppl schlüpfte langsam aus seiner armseligen Hose und stand nun in der Unterhose vor dem Pater, legte sich dann, ohne aufgefordert zu werden, bäuchlings auf den Stuhl, der vor dem Regens stand. „Zehn Hiebe hast du Lausbub verdient." Können wir uns vorstellen, wie es ausschaut im Herzen eines immer wieder geplagten Buben, der nun, voller Angst vor den furchtbar schmerzhaften Schlägen, mit nacktem Hinterteil auf seine Strafe wartet? Der Pater, selbst ein Koloß von einem Mann, holte aus und ließ den Haselnußstock mit voller Wucht auf das Hinterteil des Buben sausen. Ein scharfer Schmerz bohrte sich in den Körper des Seppl, ein kurzes Stöhnen, er wollte nicht schreien, grad erst recht nicht ... ein zweiter Schlag auf den Buben, wieder ein kurzes Stöhnen, ein dritter, der geplagte Seppl schreit und weint immer noch nicht, zu tief drin sitzt der Schmerz in seiner Seele. Aber da wächst in ihm eine Kraft, ein Widerstand. Er will es sich nicht mehr gefallen lassen, geschlagen zu werden wie ein Tier. Als der Regens zum vierten Schlag ausholt und der Stock zum vierten Mal auf das Hinterteil des Seppl niedersaust, da faßt der Bub mit beiden Händen die schwarze Hose des Regens, hält sein Bein fest und beißt seinen Peiniger in seiner Ohnmacht in die Wade ... der Bub läßt nicht los, beißt sich fest, mit aller Kraft, mit aller Verzweiflung, die in ihm steckt. Er verbeißt sich in die Wade des Paters, der aufschreit, den Stock von sich wirft und sich gegen den Buben wehrt. Der Regens landete mit einer tiefen Wunde im Spital. Heute sagt der Seppl, er habe keine Minute lang seine damalige Tat bereut.

Einige Tage lang war Seppl ein Ausgestoßener, alle Kinder waren angewiesen, mit dem „Teufel“ kein Wort zu reden. Die Kinder befolgten es. Der Bub war einsam und allein wie kaum zuvor in seinem kargen Leben. Als vor jedem Essen auch für den Regens im Spital gebetet wurde, fiel es ihm nicht im Traum ein, auch nur einen entschuldigenden Gedanken an den Peiniger zu verschwenden. Im Gegenteil, er wünschte ihm Schmerzen, wie er selbst sie verspüren und aushalten mußte.

Vorerst war man geschockt im Erzieherteam der Plentenburg. Man fing sich aber bald und holte zum „Gegenschlag“ aus. Daß dieser Vorfall nicht als die Verzweiflungstat einer gequälten Kinderseele, sondern eben als die ungeheure Frechheit eines bösartigen, ja gefährlichen Lausbuben angesehen wurde, war logisch bei den Erziehungsmethoden, die damals der Seppl an seinem Leib verspüren mußte. Dem durch seine tierische Bösartigkeit unterbrochenen Strafvollzug folgte eine erneute Strafe, die überhaupt schlimmste, die man sich in der Plentenburg einfallen hat lassen, die Dunkelkammer.

Der kleine Seppl mit seiner Schwester.

Seppls Mutter – im Jahr 1919.

Schwester Gusti mit ihrem Sohn Heinz (Fechner), heute ORF-Regisseur.

Glatzkopf Seppl in der Volksschule (3. v. r. hinten).

„Freund und Meister" Hans Greiter.

Herr Stotz aus Innsbruck war ein gütiger Meister.

Seppl beim österreichischen Militär (1. v. l.).

Hansi im Jahr 1940.

Seppl in selbstgeschneiderter Uniform beim österreichischen Militär.

Die „Unkelbacher-Mami“ (rechts Seppl).

Seppl in der ersten selbstgeschneiderten „Keilhose“ – 1940, Berlin.

Abtransport von Athen an die Nordfront.

Auf dem Vormarsch in Norwegen (1941).

Wolfi und Seppl beim Holzholen – Nordfront.

Selbst im Schneesturm lacht der Seppl.

Im Winterbunker an der Nordfront.

Immer zum Lachen aufgelegt! Seppl mit Wolfi Pinsker an der Nordfront.

Vor dem Sanitätsbunker, links Seppl (1941/42).

Seppl bei seiner Routinearbeit.

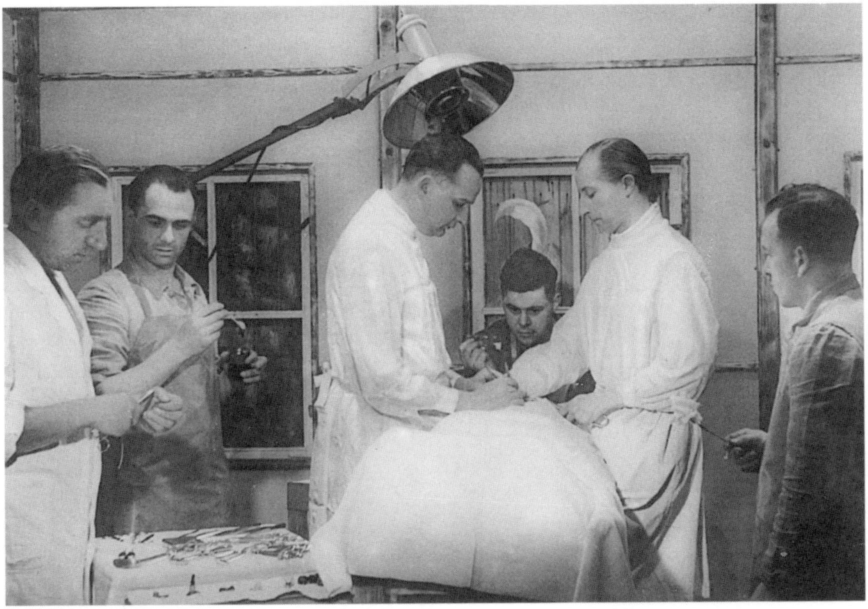

Der „unsterile Helfer" während einer Operation.

Das Sanitätslager auf der Fischer-Halbinsel.

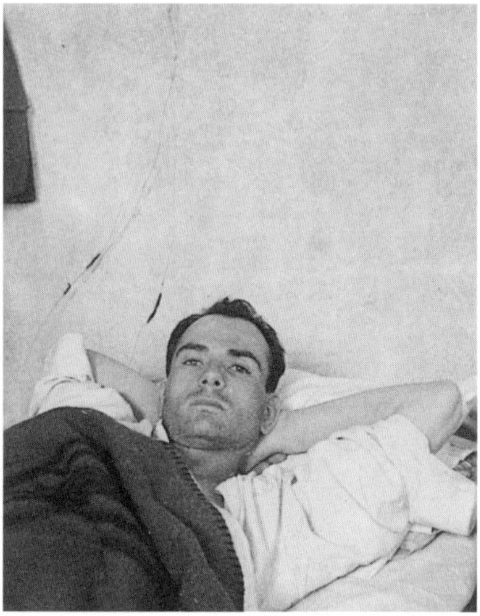

An Malaria erkrankt im Lazarett (April 1942).

Kriegskamerad und Freund ein Leben lang: Willi Wolf.

Das Hochzeitsfoto mit seiner geliebten Frau Hansi.

Im Kammerl

Über dieses Kapitel in Seppls Leben schreibe ich nicht gerne. Es waren wohl die traurigsten Stunden, die der Bub mitmachen mußte.

Ich glaube nicht, daß die Schwestern und Erzieher im damaligen Waisenhaus sadistisch veranlagt waren, nein, sie hatten nur von einer halbwegs modernen Erziehung der Kinder keine Ahnung. Auch in den damaligen Schulen war die Strafe erstrangiges Erziehungsmittel. Daß man mit Lob und Anerkennung viel mehr erreicht bei Kindern, wußten nur wenige Lehrer, die guten eben. Pestalozzi war schon lang tot, und seine Lehren hatte man scheinbar wieder vergessen. Ich selber war lange Jahre Lehrer, daher glaube ich – besonders – die Buben zu kennen. In der rauhesten Schale steckt oft ein recht guter Kern. Ich weiß auch, daß gerade bei ungezogenen Lausbuben eine Ohrfeige zur rechten Zeit Wunder wirken kann. Moderne Pädagogen mögen mir diese veraltete Ansicht verzeihen. Für den kleinen Seppl waren aber diese Ohrfeigen schon zur Selbstverständlichkeit geworden. Sie trugen nichts bei zu seiner Erziehung. Deshalb gab es – und nicht nur für ihn – den verflixten Stock, und wenn die Prügel als Strafe nicht mehr auslangten, das „Kammerl".

Wenn Väter und Mütter diese Zeilen lesen, werden sie mir recht geben. Es war unmenschlich und auch unerklärlich, daß man damals junge Menschen absichtlich in Angst und Verzweiflung jagte, um sie zu „erziehen". Fürchterliche Unwissenheit und wohl auch völlig mißverstandene Gottergebenheit waren die Gründe dieser Erziehungsmethoden. Wie schon gesagt, lehrte man die Kinder nicht die Liebe zum Herrn. Nein, man operierte mit der Furcht vor dem Teufel und vor der Hölle. Wenn ich mir vorstelle, wie glücklich unsere Kinder und Enkel heute aufwachsen – geliebt und umsorgt –, wird es mir eng in der Brust beim Gedanken an den kleinen Seppl im „Kammerl". Als der heute fast 80jährige Sepp mir vom Kammerl erzählte, wurde sein sonst stets fröhlicher Gesichtsausdruck sehr ernst. Seine Augen schienen traurig: „Es war furchtbar, sag ich dir. Und es war das einzige, mit dem sie mi unterkriegt haben."

Das „Kammerl" war ein kleines Zimmer in der Plentenburg. Es hatte kein Fenster, war also bei geschlossener Tür vollkommen dunkel. Eine Gefangenenhauszelle war im Vergleich zum Kammerl ein Hotelzimmer. Im Kammerl stand nur ein Stuhl – sonst nichts. Vor keiner Strafe fürchteten sich die Kinder mehr als vor dem dunklen Kammerl. Das „Tribunal" im Waisenhaus hatte also beschlossen, den Lausbuben 12 Stunden lang ins Kammerl zu sperren. Mit hängendem Kopf und scheu, jetzt auch angsterfüllt, ging der kleine Seppl hinter dem Erzieher her, der die Tür zur Marterkammer öffnete und den Seppl, ohne ein Wort zu sagen, hineinschubste. Nur wenige Sekunden noch fiel ein Lichtstrahl in die Kammer. Dann versperrte man die Tür, ein Gefühl, als würde man von aller Welt ausgeschlossen. Nun begann eine Einsamkeit, die auch vom sonst so tapferen Seppl kaum zu ertragen war. Es war stockdunkel. Kein Laut war zu hören. Schon nach wenigen Minuten schlich sich Angst in die Seele des Buben. Das Bild über dem Altar kam ihm in den Sinn. Der Heiland, dargestellt als gütiger, weißbärtiger Mann, umgeben von lieblichen Engeln, breitet seine Arme aus, als wollte er sagen: „Kommt zu mir, ich bin für euch alle da, auch für dich, kleiner Seppl." Unter dem Heiland aber züngelten auf dem Altarbild wild und feurig rot die Flammen der Hölle. Verzweifelt kämpften wilde Fratzen gegen das Feuer, streckten hilfesuchend die Arme nach oben, Schlangen hatten sich um die gequälten Körper gewunden, die sich scheinbar hoffnungslos zu wehren versuchten. Neben ihnen, häßlich und furchterregend, der Teufel, der sie niederpeitschte in die Flammen der Hölle. Daß für ihn, den Lausbuben, den ledigen Fratzen, den Teufelsbuben, kein Platz im Himmel sein werde, hatte man ihm schon seit Jahren eingeredet. Also mußte er enden wie die gequälten Grimassen auf dem Altarbild? Die rege Phantasie spukte im Hirn des Buben, machte ihm Angst vor der Hölle. Angst vor dem Teufel, der ja, wie man ihm beibrachte, in der Finsternis regierte. Dem Buben läuft die Gänsehaut über den Rücken. Er beginnt zu weinen in seiner Verzweiflung, er wimmert vor sich hin, er betet inbrünstig, niemand hört ihn. Niemand will ihn hören. Dann wieder schreckt er auf, ein Knistern, ein kaum vernehmbarer Laut im Raum – wirklich der Teufel? Die Gänsehaut kriecht über den Kopf hinauf, Schweißperlen stehen auf seiner Stirn. Nicht genug, draußen hört er ein Kettengerassel, ja, direkt vor der Tür, laut und vernehmlich. Von den „Erziehern" ersonnen, um den Kindern noch größere Angst einzujagen. Die Ketten des Teufels … „Mein Gott", betet der kleine Seppl, „bitte hilf mir, hilf mir!" Seelenqualen, wie sie schlimmer kaum sein können. Aber auch körperliche. Daß es nichts zu essen gab, war selbstverständlich, aber es gab auch kein Klo. Niemand dachte daran, daß auch ein kleiner Körper voller Bedürfnisse steckt. Also geschah, was geschehen mußte. Dann kroch der Bub wie ein verscheuchtes Tier in eine Ecke, zitterte weiter vor Angst, betete zum lieben Gott, der ihn doch nicht so vergessen konnte. Der Herrgott vergaß ihn nicht und schenkte dem bittenden Kind den erlösenden Schlaf.

„12 Stunden Hölle. Es war eine furchtbare Qual", sagt der Sepp. Als er dann aus dem Kammerl entlassen wurde, zitterte er am ganzen Körper, wimmerte vor sich hin und schlich, die Hände vor den geblendeten Augen, in den Waschraum, wo er sich den Kot vom Körper waschen durfte.

Diese wenigen Minuten, in denen mir Sepp die Qualen des Kammerls schildert, ist sein Gesicht ernst, ja vergrämt. Sein späteres Leben ist hart, aber doch schön verlaufen. Der Herrgott hat es letztendlich gut mit ihm gemeint. Allerdings nach harten Prüfungen. Und seinem Bodenpersonal wird er wohl vergeben haben, wie Jesus am Kreuz seinen Peinigern verziehen hat. Wie sagte er doch? „Vater, vergib ihnen, denn sie wissen nicht, was sie tun."

„Piccolo“

Seppl stand bereits in seinem 14. Lebensjahr. Die letzten zwei Jahre im Waisenhaus waren für ihn erträglich. Vor allem deshalb, weil er mit seiner Gruppe nun nicht mehr der wenig geliebten Schwester Caroline, sondern einer jungen, eher gütigen, kaum einmal böse werdenden Schwester unterstellt war. Ihr Name war Odilonis. Von den sonst üblichen Erziehungsmethoden im Waisenhaus war sie nicht angetan. Sie hielt deshalb nichts von Schlägen und versperrten Kammern. Interessanterweise und für einen Pädagogen gar nicht überraschend, gehorchten ihr die Kinder auch ohne Prügel. Sie hatten Vertrauen zu Schwester Odilonis. Ihr taten die armen Kinder wohl leid. Seppl war ruhiger geworden. Mit Schwester Odilonis hatte er keine Schwierigkeiten, sie natürlich auch nicht mit ihm. Er kann sich an keine von Schwester Odilonis ausgesprochene Strafe erinnern. Der Bub wußte, daß er jetzt bald einmal einen Beruf wählen, schließlich das ungeliebte Waisenhaus verlassen und dann die „Freiheit“ genießen durfte.

Vielleicht sollte man, was die wirtschaftlichen Verhältnisse im Waisenhaus betraf, nicht allzu kritisch sein. Der Name „Plentenburg“, damit verbunden das eher karge Essen, wird verständlicher, wenn man an die allgemeine Not und die politischen Wirren der damaligen Zeit denkt. Die großen Parteien kämpften wahrlich auf Leben und Tod gegeneinander. Sie hatten paramilitärische Selbstschutzverbände gegründet, auf der einen Seite den Schutzbund, auf der anderen die Heimwehr. Als nach einem Zusammenstoß beider Verbände in Schattendorf gar zwei Tote auf der Seite des Schutzbundes zu beklagen waren und in einem nachfolgenden Prozeß die Heimwehrleute freigesprochen wurden, kam es zum großen Aufstand des Schutzbundes, der von der Polizei brutal niedergeschlagen wurde. Österreicher schossen auf Österreicher – 90 Tote! Eine der schlimmsten Zeiten, die das Nachkriegsösterreich erleben mußte. Der Justizpalast wurde in

Brand gesteckt. Die wirtschaftliche Not des Landes war aber nicht nur Folge der politischen Uneinigkeit, sondern auch der aufkommenden Weltwirtschaftskrise. In dieser Zeit war es auch für das Waisenhaus nicht einfach, für die Mädchen und Buben zu sorgen. Deshalb nimmt heute der Sepp den Namen „Plentenburg" nicht ganz so verächtlich in den Mund, wie er es damals als junger Bub tat.

Er erinnert sich noch, daß das Waisenhaus selbstverständlich inspiziert wurde. Er erinnert sich daran noch, weil er diese Inspektion eigentlich nie miterleben durfte. Ja, „durfte". Es war damals so üblich, daß auch die Buben stramm aufgestellt antraten und eventuell die eine oder andere wohlwollend gestellte Frage eines Inspektors zu beantworten hatten. Etwa so wie heute die Tennisbuben vor der Preisverteilung beim Wimbledon-Turnier von irgendeiner der Majestäten kurz ins Gespräch gezogen werden. Nun, ein paar der Buben erlebten diese Inspektion nie mit. Einer von ihnen war der Seppl. Jene Burschen, von denen man annahm, daß sie mehr über Erziehungsmethoden und ihr Wohlbefinden im Waisenhaus ausplaudern hätten können, als es für die Leitung des Hauses gut war, die sperrte man während der Inspektion ganz einfach in den Keller. Der Pater Regens und ein paar seiner Schwestern sorgten für den makellosen Ruf des Hauses, das auch unter dem Namen „Sieberer-Haus" bekannt war. „Als Asyl gewidmet von einem Menschenfreund", so steht es heute noch in großen Lettern auf der Vorderfront des Hauses. Johann von Sieberer war selbst in ärmlichen Verhältnissen aufgewachsen, als Versicherungskaufmann durch harte Arbeit zu viel Geld gekommen und hatte dann in den Jahren 1886 bis 1889 das Haus errichten lassen – für 200 Kinder. Johann von Sieberer wurde 1909 von Kaiser Franz Josef zum Freiherrn ernannt und liegt unter der Kapelle des Hauses begraben. Soviel zu diesem wahren Menschenfreund, der freilich nicht ahnen konnte, daß die Erziehungsmethoden in „seinem" Haus nicht gerade seinen Idealvorstellungen entsprochen haben dürften.

Als Freund und Gönner seiner ihm Anvertrauten zeigte sich auch der Herr Direktor. Nicht allzuoft, auf alle Fälle aber am 21. Juni jedes Jahres. Das war der Namenstag des „Chefs“ selbst. Aloisius hieß er mit Vornamen, und zu diesem hohen Feiertag gab es abends nicht den üblichen Polenta und den üblichen Tee, sondern eine echte Knacker, das ist eine dicke, kurze, wohlschmeckende Wurst, und dazu ein Erdäpfelpüree, sogar mit gerösteten Zwiebeln darauf. Mit einem Wort, ein Festessen für die Kinder. Und weil das so selten war, erinnert sich Sepp noch heute an das Tischgebet vor diesem Festessen. Die Kinder leierten mit zum Gebet erhobenen Händen herunter: „Wir danken unserem hochwürdigen Herrn Direktor für das gute Essen, das er uns heute zukommen ließ.“

Der 21. Juni und das Festessen waren also vorüber. Den Seppl plagten Sorgen, aber auch Vorfreude – wie man sagt, die schönste Freude – erfüllte seine Brust. Die Entlassung aus dem Waisenhaus stand bevor, mit der Entlassung der Beginn der Lehre, das Tor in die vermeintliche Freiheit war schon halb offen. Wochenlang überlegte der Bub, was er denn eigentlich werden wollte. Nicht nur das, er freute sich auf die Entlassung auch deshalb, weil jeder Waisenhäusler als Abschiedsgeschenk frisch und auch sauber eingekleidet wurde. Endlich konnte er in ein paar Wochen diese immer wieder zusammengeflickte, über die Knie reichende Hose und den dunklen Umhang ablegen, der schuld daran war, daß man die Kleidung der Kinder oft auch die „Krampusuniform“ nannte. Endlich also sollte der Tag der Einkleidung nahen. Heute nachmittag war er zum Direktor ins Arbeitszimmer bestellt. Nein, es ging nicht wieder um eine Strafe. Dieses Mal ging es – und das wußte Seppl – um die Berufswahl. Höflich klopfte Seppl an die Tür, und ein eher freundliches „Herein“ gab ihm den Mut, die Tür auch zu öffnen. „Ah, der Josef“, eine für den nicht verwöhnten Buben wohlwollende Begrüßung. „Also, Josef, hast du dir überlegt, was du eigentlich werden willst?“ Seppl hatte es überlegt, und zwar gründlich. Es gab nur einen Beruf, bei dem er sich wahrscheinlich satt essen konnte, weil ja immer wieder etwas übrigbleibt auf den Tellern der Gäste. „Ja, Herr Direktor, ich möcht' Piccolo werden." Mehr brauchte er nicht zu sagen. „Du bist ja verrückt! Das ist doch kein ehrenwerter Beruf. Nein, Kellner solltest du nicht werden. Das Gastgewerbe mit all seinen Versuchungen ist nichts für einen gut erzogenen und hoffentlich gottesfürchtigen jungen Burschen. Wir müssen schließlich auch auf unseren Ruf achten." Der Seppl wagte auf die Frage, warum er denn auf die Idee gekommen wäre, Kellner zu werden, die bescheidene, aber wahre Antwort: „Ja mei, weil i mir denkt hab, da könnt i halt immer was Gutes z'essen kriegn." Das war nicht gerade ein Kompliment für die Waisenhausküche, aber heute hatte der Direktor einen guten Tag. „Nein, Josef, also mit dem Kellner wird's nichts. Das schlag dir aus dem Kopf." Und nach einer kleinen Pause, nachdem er den immer noch eher kleinen Seppl nach seinen körperlichen Fähigkeiten taxiert hatte: „Aber wie wär's, Josef, mit dem Gärtnerberuf? Du hast den ganzen Tag lang mit Blumen zu tun, ein schöner Beruf in Gottes freier Natur, mit Pflanzen, Geschöpfen Gottes, wie wir es sind." Seppl hatte nicht allzuviel Zeit zum Nachdenken. Aber er erinnerte sich an den Gärtner im Waisenhaus, einen alten, aber liebenswerten Mann, der ihm ab und zu einen selbstgeschnitzten Rosenkranz geschenkt hatte. Ja, eigentlich hatte der Direktor recht, das klang gar nicht so übel. „Ja, Pater Regens, dann werd i halt Gärtner."

Damit war das Gespräch um die Berufswahl des Seppl beendet. Bevor er aus dem Waisenhaus feierlich entlassen wurde, erhielt er einen nagelneuen, wirklich schönen Anzug, ein neues Hemd, dazu noch ein zweites zum Wechseln, frische Wäsche, Socken, neue Schuhe – mit einem Wort, eine Gewandausstattung, auf die er sich schon monatelang gefreut hatte und die ihn tatsächlich nicht enttäuschte. „I muaß sagn, da habn sie sich nit lumpen lassen." Zum ersten Mal in seinem Leben war der Seppl gut und frisch angezogen, ja ein feiner Bursch wie viele andere

Buben in der Schule. Er freute sich himmlisch. Das Dankgebet vor dem Abschied meinte er dieses Mal wirklich ehrlich. Das frische Gewand ließ ihn vorläufig all die Jahre in der Plentenburg – fast – vergessen.

Kein Garten Eden

Es war soweit. Der feierliche Abschlußgottesdienst, in dem sich die Kinder für die Jahre im Waisenhaus bedankt hatten, war vorüber, ein letzter Händedruck vom Herrn Direktor und von Schwester Odilonis, noch schnell hinauf in den Schlafsaal um den Rucksack, in den zusätzlich zum neuen Gewand eine alte Hose zum Arbeiten gepackt war, und dann stand Seppl, fein angezogen wie noch nie in seinem Leben, vor der Tür des Waisenhauses und vor seinem Onkel Franz. Er war der Bruder seiner Mutter, die von Innsbruck fortgezogen war.

Die Kanzlei des Waisenhauses hatte alles gut vorbereitet. Mit dem damaligen Lehrlingsheim in Martinsbühel, das vom Servitenorden geleitet und unterhalten wurde, hatte man die Aufnahme des Josef Reinalter als Gärtnerlehrling vereinbart. Der Seppl erhielt das Fahrgeld für die Eisenbahn bis Kematen, von dort hieß es, auf Schusters Rappen bis auf die Höhe von Martinsbühel gehen, und dann sollte eine Überfahrt mit dem Kahn erfolgen.

Das alles wurde dem Seppl sehr schmackhaft erzählt. Und wie er sich freute! Er war noch nie mit der Eisenbahn gefahren. Damals bedeutete eine Eisenbahnfahrt fast noch einen kleinen Luxus. Nicht jeder konnte sich eine Fahrkarte leisten. Aber der Seppl hatte sie jetzt in den Händen. Eine völlig neue Welt tat sich auf vor ihm. Zuerst der Bahnhof, damals noch ein bescheidenes, aber sauberes Gebäude, im Stil der k.u.k. Bauten errichtet und gelb gestrichen. Die hastenden Menschen mit ihren Koffern, die Gepäckträger in grünen Schürzen, dann auch richtig noble Leute direkt neben ihm, dem Waisenhausbuben. Und erst der Zug mit mehr als 10 Waggons, die Lok, der Bahnhofsvorstand mit seiner lauten Pfeife – ein Abenteuer für den Buben. Er durfte mitten unter den Fahrgästen sitzen, konnte stolz die Karte vorweisen und brachte dann vor lauter Neugier die Nase nicht mehr vom Fenster weg, so wohl hatte er sich kaum einmal gefühlt. Die Bäume flogen an ihm vorüber, die Häuschen wirkten wie Spielzeug und die Menschen wie Zwerge.

Ein Gefühl machte sich breit in der Brust des Buben, das man wohl Freude nennen durfte. Selten hatte er dieses Gefühl erlebt. Ein neues Leben begann. Kein Zwang mehr, kein Drill, keine Strafen. Die Fahrt dauerte leider nicht lang genug. Der Seppl wär' ja bis ans Ende der Welt gefahren mit der Eisenbahn. In Kematen aber hieß es aussteigen. Onkel Franz, der den Buben gern hatte, sich aber auch nicht um ihn kümmern konnte, ging mit ihm den Weg hinüber zur Fähre. Es hätte stundenlang dauern können. Zu sehr war der Bub beeindruckt gewesen von der schönen Zugfahrt, von diesem unbeschreiblichen Gefühl der Freiheit. Aber er hatte ja noch die Fähre vor sich. Im Waisenhaus hatten sie ihm schon davon erzählt. Da wartete auch schon der bärtige Klosterbruder in seinem Kahn auf die beiden Ankömmlinge. Also hinein in das Schifflein. Was er heute alles erleben durfte! Sicher wie eben ein erfahrener Fährmann stieß der Pater den Kahn vom Ufer ab und steuerte ihn durch die Wellen des Inns bis ans andere Ufer. Der Kahn hing an einem Stahlseil, damit er nicht abtreiben konnte und wirklich dorthin kam, wo das Kloster Martinsbühel stand. Schade, die Überfahrt war viel zu kurz. Nun war man gleich droben auf dem Bühel unter der Martinswand und auch vor der Klosterpforte. Ein Pater öffnete, Onkel Franz sagte, warum er mit dem Buben gekommen sei, der Bub wurde dem freundlichen Chef des Hauses vorgestellt und jenem Pater übergeben, der für die Lehrlinge zuständig war. Und nun begann nach der Verabschiedung des Onkels der Alltag. Die große Enttäuschung! Es sollte ja die vermeintliche Freiheit anfangen, weniger Zwang, weniger Kommando, vielleicht auch gutes Essen. Der Alltag aber war auch in Martinsbühel kaum ein anderer, als ihn Seppl bereits kannte. Um 6 Uhr begann der Arbeitstag, um 6.30 Uhr besuchten die Buben die Messe, um 7 Uhr fingen sie mit der Arbeit an, die 12 Stunden lang dauerte. Nach der Abendmesse und dem eher kargen Essen fielen die Buben todmüde in die Betten. Geschlafen wurde in einem Saal, in dem 60 Lehrlinge untergebracht waren. Der Pater schlief auch im Saal, hinter einem Verschlag. Er hatte dafür zu sorgen, daß die Buben die Nachtruhe einhielten. Die Pater waren streng, aber sie bestraften die Kinder nicht. „Hast ja buckeln müssn 12 Stund, da denkst nimmer an an Spaß“, sagt der Sepp heute. Er war ja immer noch nicht einer von den Starken, im Gegenteil, eher ein schwächliches Bürschl im Vergleich zu den anderen. Umso schwerer fiel ihm die oft harte Arbeit. Mein Gott, wie schwer waren diese Kübel mit der Jauche. Sie mußten oft den Hügel hinaufgetragen werden zum „Suhren“, in jeder Hand trug man einen Kübel mit dem schwabbeligen, stinkenden Inhalt. War das ein furchtbarer Tag, als der Seppl stolperte, weil ihm die Kübel zu schwer waren, und er dann noch unterhalb der umgestürzten Kübel zu liegen kam. „Die ganze Suhr über mi drüber.“ Geweint hat er in seiner Verzweiflung. „Es war eine furchtbare Zeit für mi.“ Während der Messe in der Kapelle zählte er am Boden die fein säuberlich gelegten Parkettbrettchen. Jedes Brettl ein Tag. Und die Brettchen wollten und wollten nicht mehr werden, die Tage wollten nicht vergehen. Viel zu langsam schlichen die harten Tage dahin. Auf diese „Freiheit“ hatte sich der Bub gefreut. Die Klosterbrüder, die Pater und auch der Pater Prior waren nett zum Seppl, streng, aber durchaus gerecht. Und als es nun noch einmal passierte, daß dem Seppl die stinkende Jauche nach einem Sturz mit den zu schweren Kübeln über den Körper geronnen war, da erfuhr der Prior vom Mißgeschick des Seppl und sah wohl ein, daß die Gärtnerarbeit für den Buben zu hart war. Er reagierte schnell und schrieb einen Brief an die Großmutter des Buben, in dem wohl stand, daß er für die Gärtnerarbeit zu schwach sei und daß man sich über das Jugendamt um eine neue Lehrstelle kümmern möge. Dem Seppl, der heilfroh war, von der ungeliebten Gärtnerarbeit, aber auch vom neuerlichen Klosterzwang wegzukommen, drückte man diesen Brief in die Hand, gab ihm sogar das Fahrgeld für die Eisenbahn nach Innsbruck – und verabschiedete ihn von Martinsbühel. „Pater Fährmann" ließ den Seppl erst einsteigen in das Schifflein, nachdem er diesen Brief gelesen hatte. Seine Befürchtung, der Bub könnte ausgerissen sein, bewahrheitete sich nicht. Die Überfahrt mit dem Kahn und auch die Zugfahrt nach Innsbruck waren wohl wieder ein Erlebnis, aber die Angst vor der Zukunft war zu groß, um es erneut genießen zu können. Die Freude konnte sich nicht recht breitmachen in der Brust des Buben. Er landete bei der Großmutter, die ihn nie recht gemocht hatte, war er doch der „ledige Fratz", wie seine Mutter eben. Und als sie dann die Hände über dem Kopf zusammenschlug und jammerte: „Mein Gott, was machen wir jetzt mit diesem Buben", trug der lieblose Empfang schon gar nichts dazu bei, die Zukunftsangst des Buben zu dämpfen. Dabei hatte er sich so auf seine Lehrzeit gefreut.

Seppl mit Frau Schrei und dem Schwiegervater vor dem „Ladele".

Die Mitarbeiter der ersten Stunde: Vorne v. l. n. r.: Pepi, Gerti, Helga, Hansi und Gretl. Hinten: Willi Windisch, der 35 Jahre bei Reinalter arbeitete.

Übersiedelt in die Innsbrucker Straße.

Nicht wegwerfen!

Der Prospekt bringt Ihnen GEWINN!

(Siehe Rückseite)

Othmar Schneider, Olympia-Sieger 1952
Ricki Maringer, Kandahar-Siegerin 1952
Evi Knapp, Österreichische akadem. Skimeisterin 1952
Ernst Spieß, vielfacher Meister bei diversen Rennen

die

Reinalter-Keilhose

Schwaz in Tirol, Innsbruckerstraße 28

Autobus-Haltestelle Schaller

Der erste Prospekt: Evi Knapp, Ernst Spieß und Ricki Mahringer.

Alle trugen Reinalterhosen: Evi Knapp war die erste ...

... Dagmar Rom (WM Aspen 1950: 1. Riesensl., 1. Slalom).

Regina Schöpf (WM Aspen 1950: 3. Abfahrt).

Ernst Spieß war einer der ersten „Promotoren" des Seppl.

Ernst Hinterseer (Olymp. Spiele Squaw Valley 1960: 1. Slalom vor Hias Leitner und Bozon [F]).

Christl Pravda (WM Aare 1954: 1. Abfahrt) fuhr in den „G'spannten" von Sepp Reinalter.

Trude Klecker (WM Aare 1954: 1. Slalom) in der „G'spannten".

Ricki Mahringer (WM Aspen 1950: 2. Slalom, 2. Abfahrt) warb für Sepp Reinalter.

Putzi Frandl (Olymp. Spiele Cortina 1956: 2. Riesenslalom, WM Badgastein: 2. Slalom).
Foto: Frischauf

Othmar Schneider (Olymp. Spiele Oslo 1952: 1. Slalom). *Foto: Blumenthal*

Endlich: Die ersten elastischen Stoffe sind da. Ricki Mahringer und Ernst Spieß.

Toni Sailer (4mal Gold in Cortina 1956 und 3mal Gold in Badgastein 1958) läßt sich von Seppl eine neue Hose anmessen. Neben Toni Anderl Molterer (Olymp. Spiele Cortina 1956: Silber im Riesentorlauf hinter Sailer). *Foto: Frischauf*

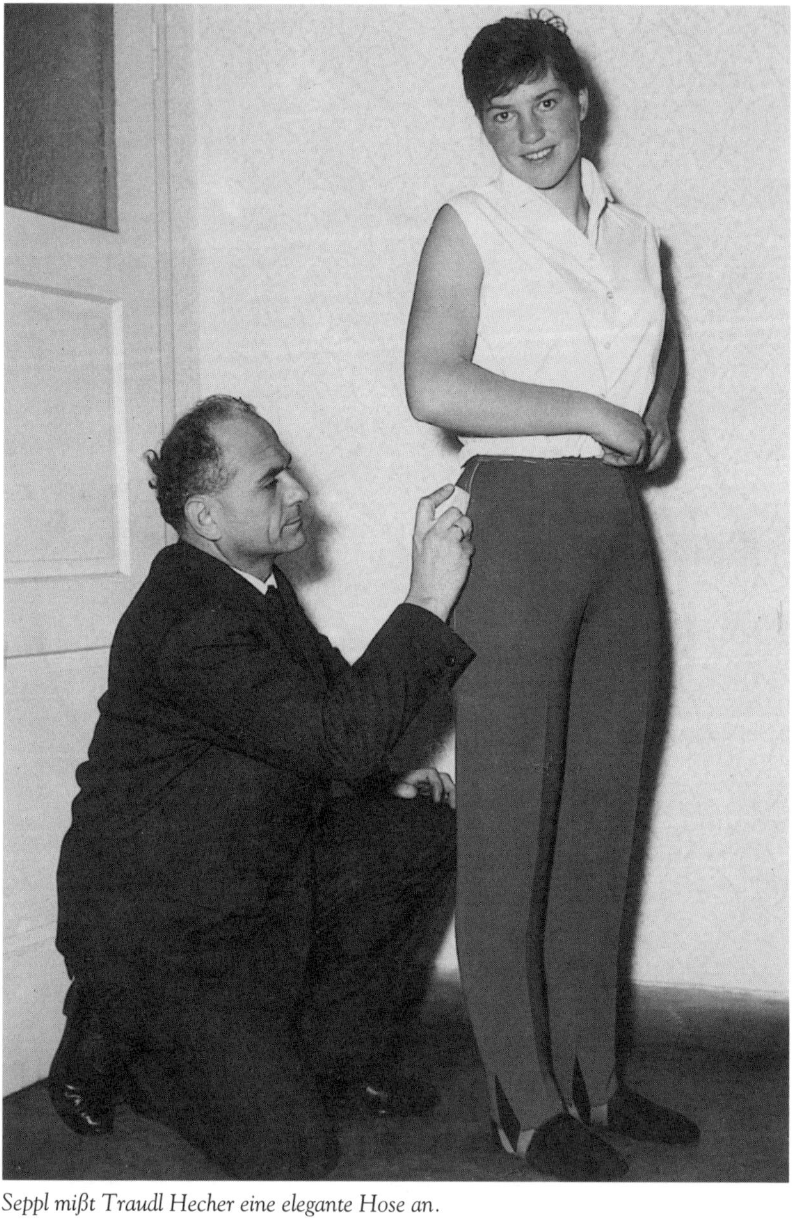

Seppl mißt Traudl Hecher eine elegante Hose an.

Damentrainer Hermann Gamon erklärt seinen Mädchen den Slalom: V. l. n. r.: Marianne Jahn (1. Slalom u. Riesensl., WM Chamonix 1962), Erika Netzer (2. Riesensl. u. 3. in Slalom und Kombination, Chamonix 1962), Traudl Hecher (Olymp. Spiele Squaw Valley 1960: 3. Riesensl.).

Stolz auf seine „selbstgebaute" Keilhose. Seppl in Cervinia (1952).

Christl Haas, die „Abfahrtskanone": Gold bei WM Chamonix 1962 und Olymp. Spiele Innsbruck 1964. *Foto: Frischauf*

Josl Rieder (WM Badgastein 1958: Gold im Slalom – vor Toni Sailer). Foto: Frischauf

Damen-Abfahrtstriumph in Innsbruck 1964: Gold für Christl Haas, Silber für Edith Zimmermann und Bronze für Traudl Hecher. *Foto: Frischauf*

Dreifacher Weltmeister Karl Schranz (WM Chamonix 1962: 1. Abfahrt, 1. Kombination, WM Gröden 1970: 1. Riesentorlauf) ... *Foto: Frischauf*

... und Egon Zimmermann (WM Chamonix 1962: 1. Riesentorlauf, Olymp. Spiele Innsbruck 1964: 1. Abfahrt) sind noch heute Seppls Freunde. *Foto: Frischauf*

Slalom-Olympiasieger von Innsbruck (1964) Pepi Stiegler – mit Hilde Hofherr – beim Glocknerrennen, natürlich in feschen „R"-Hosen. *Foto: Truel*

Gerhard Nenning, immer fröhlich, mit Edith Zimmermann.
Foto: Sündhofer

ÖSV-Alpinmannschaft 1965/66: Hinten v. l. n. r.: Gerhard Nenning, Dr. Wolf Girardi (Mannschaftsführer), Hans Senger (Trainer), Franz Digruber, Stephan Sodat. Vorne v. l.: Hugo Nindl, Heini Messner, Karl Schranz, Herbert Huber (†), Werner Bleiner, Egon Zimmermann – alle in Reinalterhosen.
Foto: Frischauf

2. *Beim B'suf*

Fräulein Putzer

Den „freundlichen" Empfang bei der ungeliebten Großmutter hatte der Bub also hinter sich. Als die Großmutter den Brief des Priors von Martinsbühel in Händen hielt, der bestätigte, daß der Bub wohl willig, aber für die Gärtnerarbeit eben zu schwach sei, und zugleich ans Jugendamt verwies, das sich um eine Stelle für den Sepp kümmern sollte, hing der Haussegen wieder halbwegs gerade. Gleich am nächsten Tag ging die Großmutter mit dem Seppl zum Jugendamt. Dort amtierte ein junges, hübsches Fräulein, dessen Namen der Sepp heute noch kennt, das Fräulein Putzer. „Stell dir vor, die hab i vor ein paar Jahr no troffen. Da war sie über 90. Sie hat mi angschaut und i sie, dann bleibt sie stehn und sagt: ‚Ja bist du nit dös Schneider-Seppele?' Mein Gott, hat mi dös gfreut. Das war ja ein Engel, de hat sie um mi kümmert, als ob i mit ihr verwandt gwesn wär." Ein schöneres Andenken an die damals im Jugendamt arbeitende junge Dame gibt es wohl kaum. Dieses Fräulein Putzer ließ den Seppl nicht mehr aus den Augen, bis er eine passende Lehrstelle bekommen hatte. „Jawohl", sagte sie zur Großmutter, „da haben wir eine Stelle bei einem Bäcker in Völs." Fräulein Putzer packte den Buben zusammen und fuhr mit ihm hinaus nach Völs zur Bäckerei. Der Empfang des Herrn Meisters war nach den einführenden Worten des Fräulein Putzer nicht gerade ermutigend. Er schaute den Seppl, der – wie er selbst sagt – immer noch klein gewachsen war, zuerst einmal von oben bis unten an, wiegte seinen Kopf nach links und dann nach rechts. Dann kamen die vernichtenden Worte aus seinem Mund: „Mein Gott, Fräulein, was soll i denn mit dem Bübl anfangen. Der ist ja viel zu klein und zu schwach. Stelln S' Ihnen vor, der muß ja täglich das Brot ausführn mit die Roß. Dös derpackt der ja nie." Und dabei hatte dem Seppl der gute Geruch aus der Backstube schon Vorfreude auf frisches, gutes Brot bereitet. Leider wurde nichts daraus. Zu schwach, hieß es also. Das Fräulein Putzer war genauso enttäuscht wie der Seppl selber. Es nützte nichts, der Bub mußte wieder heim zur Großmutter, wo er, wie wir bereits wissen, nicht sehr willkommen war. Es hieß also warten. Lehrstellen gab es damals nur wenige. Es waren Jahre bitterer Not. Gott sei Dank gab es aber das Fräulein Putzer. Es dauerte weniger lang, als die Großmutter befürchtet hatte, bis ein Brief vom Jugendamt eintraf. Das Fräulein Putzer hatte geschrieben. In Vomp wäre ein Lehrstelle bei einem Schneider frei, noch dazu mit Verpflegung und Unterkunft im Haus. Das freute die Großmutter mehr als den Seppl selbst. Er sollte weg von Innsbruck, der einzigen Stadt, die er ein bißchen kannte, dem einzigen Ort, von dem er annahm, daß er seine eigentliche Heimat war. Doch Heimweh, diesen Schmerz und die Sehnsucht nach allem, was einem vertraut ist und was man gern mag, kannte der Seppl eigentlich nicht. Was hielt ihn schon in Innsbruck? Die Großmutter vielleicht? Nach kurzem Überlegen war der Seppl begeistert. Nur endlich eine Lehrstelle wollte er, arbeiten, sich selber sein Brot verdienen, wissen, wo er hingehörte.

Fräulein Putzer übernahm den Transport nach Vomp. Pünktlich, wie brieflich vereinbart, holte sie den Buben von Mariahilf ab. Seppl hatte immer noch seine Sonntagskleidung vom Waisenhaus. Man brauchte sich mit ihm also nicht zu genieren. Fräulein Putzer, die anscheinend den Kleinen ins Herz geschlossen hatte, tat das auch nicht. Eine Zugfahrt stand wieder bevor! Seppl freute sich wie damals bei seiner ersten Fahrt nach Kematen. Dieses Mal würde der Zielort wohl günstiger für seine Zukunft ausfallen. Hoffentlich! Mit diesen Gedanken im Kopf hing der Seppl wieder am Zugfenster und hoffte bei jeder Station, daß es noch lange dauern möge, bis es zum Aussteigen war. Das erste Mal in seinem Leben fuhr er ins Unterland. Und dann gleich bis Schwaz. Es war ein schönes Erlebnis für den Buben. Die Nordkette, die Rumerspitze, der Bettelwurf, der Hundskopf zogen an ihm vorüber. Da hinauf möchte er einmal – später, wenn er groß sein würde. Aber auch Schönes hat sein Ende, und so mußte der Seppl leider zu bald feststellen, daß nun Schwaz erreicht und das Kommando zum Aussteigen unausbleiblich war. Schade. Jetzt begann der Fußmarsch nach Vomp hinüber. Fräulein Putzer mit ihrer kleinen Handtasche voraus und der Seppl in seinem besten Anzug und mit dem Rucksack, in dem er sein gesamtes Hab und Gut, bestehend aus einer zweiten Unterhose, einem zweiten Hemd, einem zweiten Paar Socken, einer alten langen Hose zum Arbeiten und einem Zahnbürstl, verstaut hatte, hinten nach. Rüstig schritt das junge Fräulein dem Buben voran, so richtig begeistert von ihrer Aufgabe, dem Kleinen helfen zu können. Das spürte der Seppl auch. Eher fröhlich, wenn auch etwas aufgeregt und gespannt, folgte er also seinem Fräulein. Bald war Vomp erreicht, ein kleines Dörfl, verträumt auf der Südseite des Inntales liegend, ein paar alte Bauernhäuser, ein paar Wirte – und mitten im Dorf, direkt neben der „Hauptstraße", ein kleines, einstöckiges, eher ärmliches Haus, das dem Schneidermeister gehörte. Fräulein Putzer ging energisch ans Werk. Sie wollte wissen, wo der Bub untergebracht werden würde, wo er arbeiten sollte, ob er genügend zu essen bekäme – und gab sich erst dann zufrieden, als sie glaubte, daß das „Seppele", so nannte sie den Buben, auch eine gute Lehrstelle erhalten hatte. Der „Handel" war gleich einmal perfekt. Schließlich war es ja der Meister, der die Stelle vergab, und schließlich mußte man froh sein, eine Lehrstelle überhaupt zu bekommen. Das ließ der Herr Meister schon durchblicken. Etwas allerdings war sowohl dem kleinen Seppl als auch dem Fräulein Putzer aufgefallen. Dieser Schneider verbreitete beim Reden, das ihm nur schwer über die Lippen kam, einen ekligen Geruch nach Alkohol. Heute sagt der Sepp: „Der war ja damals leicht b'soffn."

Die Lehrstelle war also gefunden. Seppl sollte Schneider werden. Fräulein Putzer war froh, dem Buben geholfen zu haben, und behielt ihn scheinbar in guter Erinnerung, weil sie ihn mehr als 50 Jahre später auf der Straße noch erkannte.

Keine Herrenjahre

So, nun wissen wir, wohin es den Seppl mit seinen 14 Jahren verschlagen hat. Zweieinhalb Jahre seines Lebens sollte er beim Schneidermeister in Vomp verbringen. Gehen wir mit ihm durchs Haus, das direkt an der Straße steht, lassen wir uns erklären, wo und wie er lebte und lernte.

Das Haus würde man heute eher eine alte Hütte nennen. Kleine Fenster, wie sie damals üblich waren, damit die Kälte nicht ins Haus dringen und die Wärme nicht entweichen kann, eine niedrige Haustür, an der man sich fast den Kopf anschlägt, und schließlich der Hausgang, den wir jetzt betreten. Links hinein geht's in einen Raum, der etwa 16 m^2 groß ist. Das ist die Werkstatt der Schneiderei. Hier sitzen nicht weniger als sechs Gesellen bei ihrer Arbeit. Links im Eck, zwischen den Gesellen eingezwängt, ist der Platz des Lehrlings, so eingerichtet, daß der Seppl stets gut beaufsichtigt ist und sofort für jede Arbeit zur Hand sein kann, wenn man ihn ruft. In der Mitte des Raumes stehen zwei Nähmaschinen, die der Seppl aber kaum einmal benützen darf. Da gibt es einfachere Arbeiten für den Lehrbuben. Aber gehen wir weiter. Der nächste Raum auf der linken Seite des Hausganges ist die Küche, eine einfache, bäuerliche Küche, die der Seppl stundenweise besser kennt als die Werkstatt, weil Abspülen, Abtrocknen, Wasserholen, Putzen und Schrubben selbstverständlich auch zu den Aufgaben des Lehrlings gehören. Auf der rechten Seite des Ganges führt heute noch die etwas steil geratene Holzstiege in den ersten Stock. Unter der Stiege stehen in Reih und Glied die Schuhe der Meisterin, des Meisters und der sechs Gesellen. Die warten auf den Seppl, der sie selbstverständlich zu putzen hat. Droben im ersten

Stock, über der Werkstatt, ist das Schlafzimmer des Meisters und der Meisterin eingerichtet, einfach, aber doch nicht ärmlich. Hinter dem Schlafzimmer, also über der Küche, da schlafen alle sechs Gesellen, wahrlich keine komfortable Schlafstatt, aber zur damaligen Zeit keine außergewöhnliche. Die Gesellen müssen zufrieden sein. Während der ersten Monate steht auch das Bett des Lehrbuben in diesem eher kleinen Zimmer. Als es dann den Gesellen doch zu eng wird, weil einer über das Bett des anderen steigen muß, wird der Sepp auf den Gang hinaus übersiedelt. Am oberen Ende des Ganges, der Straße zu, dient ein Diwan als Schlafstätte für den Seppl. Über ihm ein kleines Fenster, durch das er auf die Straße hinaussehen kann. Ein Vorhang oder gar eine Tür, die das „Schlafgemach" des Seppl vom Gang her abschließen würde, ist nicht nötig. Warum auch – für den Buben. Auf der gegenüberliegenden Seite des Ganges führt eine Tür auf den Balkon hinaus. Über diesen Holzbalkon gelangt man auf das Klo. Ein „Plumpsklo", wie es bei den Bauern üblich ist. Im Winter ist der nächtliche Gang dorthin eher eine kalte Angelegenheit. Das ist aber nur für die Gesellen und den trinkfreudigen Meister ein kleines Problem. Der kerngesunde Seppl hält es eine Nacht lang recht gut aus, ohne seinen Diwan zu verlassen. Gegen Süden, also „hinten hinaus", liegt der Garten mit einigen Obstbäumen inmitten einer gemütlichen Wiese. Die Südseite des Bauernhauses hinauf klettern die Äste eines stets gut tragenden Marillenbaumes. Die „Ernte" einzubringen, also den Baum abzupflücken von den Marillen, gehört natürlich auch zu den Aufgaben des Lehrbuben.

Sepp kann sich noch gut erinnern, daß er einmal, als ihn die Lust auf eine saftige, reife Marille übermannte, aber grad in jenem Moment, als er herzhaft in die Marille biß, die Meisterin aus dem Haus kam, eine wenig herzhafte, aber handfeste Ohrfeige bekam. „Lausbub, verflixter, frißt uns die ganzen Marillen weg!" Noch etwas hätten wir fast vergessen. Der untere Gang des Hauses führte hinaus auf den Hof. Unter dem rechten Teil des Balkons befand sich die Abfallgrube, also jener unappetitliche Raum, der vom darüberliegenden Plumpsklo gefüllt wurde. „Scheißlich hat dös gstunken", sagt der Sepp heute noch. Warum er diese Jauchengrupe in so schlechter Erinnerung hatte, davon später.

Jetzt, da wir die Hütt'n, in der der Seppl zum Schneidergesellen heranreifte, kennen, zu seiner Arbeit als Lehrbub. Wie die Überschrift dieses Kapitels schon sagt, waren zur damaligen Zeit Lehrjahre wirklich keine Herrenjahre. Ich glaube, daß es vielen Lehrlingen eher schlecht ging, es kümmerte sich kaum jemand um sie, wenn ein Meister oft mehr an Arbeit von ihnen verlangte als von einem erwachsenen Gesellen. Man nahm nur wenig Rücksicht darauf, daß es ja noch Kinder waren, die da zehn und mehr Stunden täglich arbeiteten. Der Seppl wurde nicht nur als Lehrbub, sondern ganz selbstverständlich auch als Hausknecht und Laufbursche verwendet. So ein Tag im Leben des Schneiderlehrlings war kein Honiglecken. Aufgestanden wurde um 5 (!) Uhr. Nach dem kargen Frühstück begann die Arbeit um Punkt 6 Uhr früh. Während der ersten Wochen und Monate bestand diese Arbeit für den Seppl vor allem im „Einendeln". Mit einem Fingerhut bewaffnet, saß er hinten in der Ecke zwischen den Gesellen, die ihn übrigens nie schlecht behandelten, und mußte ein Stoffstück nach dem anderen einendeln. So nennt man jenen Vorgang beim Schneidern, der das Ausfransen des Stoffes verhindern soll. Tausende Stiche am Tag. Oft auch daneben und in einen Finger. Kann man sich vorstellen, wie einen bewegungshungrigen jungen Buben der Allerwerteste schmerzt, wenn er von 6 Uhr früh bis 12 Uhr mittags auf ein und demselben Platz sitzen soll und seine Arbeit höchstens einmal auf ein paar Minuten unterbrechen darf, weil es ein innerer Drang verlangt. Zur Ehre der Meisterin muß gesagt werden, daß sie den Buben oft einmal auf ein paar Minuten in den Garten hinausließ, wenn er jammerte: „Mein Gott, Meisterin, mir tut der Hintern so weh." Beim Chef selber, der meistens um etwa 8 Uhr in die

Werkstatt kam und immer grantig war, weil er den Rausch vom Vortrag kaum ausgeschlafen hatte, gab es kaum ein Pardon. Um Punkt 12 Uhr schrie dann die Meisterin über den Gang: „Mittag isch!" Da flitzte Seppl, so schnell er konnte, in die Kuchl, kletterte hinter den Tisch in die linke Ecke der langen Bank. Dort war sein Platz. Er war dann einer der ersten, die zulangten. Es wurde aus einer großen Schüssel gegessen, die mitten auf dem Tisch stand. So ist es bei vielen Bauern heute noch üblich. Ein vierzehnjähriger Bub hat natürlich einen Bärenhunger. Die ersten Tage staunte die Meisterin über den Appetit des Buben. Sie ließ ihn essen. Dann aber erwachte die Sparsamkeit in ihr. Gab es Knödl, Krapfen oder Nocken, egal, der Seppl durfte einmal zulangen, wenn genügend auf dem Tisch stand, höchstens noch ein zweites Mal, dann aber spürte er unter dem Tisch den kräftigen Tritt der Meisterin, die ihn auf diese einfache Weise von weiterem Zulangen abhielt. „Deshalb iß i heut no so schnell", sagt der Sepp, „weil i mi alleweil so gschleint hab, daß i gnuag obikriag." So ein Mittagessen war also eine eher hastige und nervlich anstrengende Angelegenheit für den Buben. Kaum einmal richtig satt, war das Essen beendet. Danach gab es nicht etwa eine Mittagspause. Gleich vom Mittagstisch weg ging es sowohl für die Gesellen als auch für den Seppl wieder hinüber in die Werkstatt. Das Einendeln dauerte dann bis 7 Uhr abends. War das ein langer Nachmittag! Oft kamen Zweifel auf im Buben, ob er da wohl das richtige Handwerk gewählt hatte. Um 7 Uhr gab's das Abendessen, das nur dann ohne Tritt der Meisterin verlief, wenn genügend Erdäpfel und Milch am Tisch standen. Jetzt ließen sich die müden Gesellen draußen auf der Gartenbank nieder und rauchten ein paar Zigaretten – sofern sie sich diese leisten konnten. Für den Lehrbuben war der Tag noch lange nicht vorbei. Zuerst einmal hieß es abtrocknen. Natürlich nur dann, wenn die Meisterin das Geschirr selber abgespült hatte. Wenn nicht, war auch das die Aufgabe des Lehrbuben. Wenn das Geschirr verräumt war, kam die Werkstatt dran. Die mußte aufgeräumt und ausgekehrt werden. Auch das mußte der Lehrbub machen. Wenn dann sonst nichts Besonderes mehr zu erledigen war, warteten die Schuhe unter der Stiege darauf, geputzt zu werden. Seppl arbeitete gern nach dem stundenlangen Sitzen in der Ecke der Werkstatt. Aber was zuviel war, war eben zuviel. Und deshalb fiel er dann um etwa 9 Uhr todmüde auf seinen Diwan droben im Gang.

Der B'suf

„B'suf" nennt man in Tirol einen, der gern und zuviel trinkt (einen Besoffenen). Wenn man dem Sepp so zuhört, weiß man, daß der Meister beinahe jeden Tag ein paar Schluck zuviel getrunken hatte. Er war ja nicht nur Schneidermeister, sondern auch bei den Schützen und bei der Feuerwehr ein hochrangiges Mitglied. Also war auch die Gelegenheit gegeben, die sonst langweiligen Abende – daheim bei der unzufriedenen Frau – zusammen mit gleichgesinnten Freunden im Gasthaus zu verbringen. Dort soll er sich als sehr großzügiger Mann gezeigt haben – zum Leidwesen der Frau Meisterin. Daß er nach der Sperrstunde nicht ganz munter heimkam, war verständlich. Dem sonst tief auf seinem Diwan schlafenden Seppl war auch bald einmal klar, daß der betrunkene Meister nicht der Ruhigste war, wenn er dann ins Schlafzimmer stolperte. An das Gepolter des Besoffenen und die berechtigt bösen, nicht immer leisen Vorhaltungen seiner „Alten" – wie der Meister sich ausdrückte – war der Seppl schon gewöhnt. Schlimm war's dann meistens am nächsten Tag. Der verkaterte Meister war grantiger als sonst. „Der war ja in der Früh no b'soffen. Dem hab'n die Händ zittert, wenn er nit ein Viertele Schnaps g'soffen hat", sagt der Sepp. Dieses Viertel Schnaps, das mußte natürlich der Seppl besorgen. Wenn der Lehrbub auch froh darüber war, für eine halbe Stunde seine Ecke verlassen zu dürfen, war das Schnapsholen doch eine verteufelte

Angelegenheit. Die Sache war die: Ein Viertel Schnaps kostete beim Vomperhof einen Schilling und 20 Groschen. Der Vomperhof steht übrigens heute noch, etwa 150–200 m östlich des damaligen Schneiderhäusls. Im Gasthaus Traube, das in genau entgegengesetzter Richtung stand, auch etwa 200 m vom Haus entfernt, kostete das Viertel aber nur einen Schilling, also 20 Groschen weniger. Das wußte natürlich die Meisterin, und deshalb erdachte sie einen einfachen, in der Ausführung für den kleinen Seppl aber oft recht komplizierten Schlachtplan, um zum „Verdienst" von 20 Groschen – oft mehrmals am Tag – zu kommen. Der Seppl mußte so tun, als laufe er zum Vomperhof. In Wirklichkeit aber mußte er auf Geheiß der Meisterin den Schnaps bei der Traube holen. Dort kostete er ja nur einen Schilling. Die ersparten 20 Groschen mußte der Bub dann der Meisterin abgeben, die vom Meister mit Geld nicht gerade verwöhnt wurde. Dieses Spießrutenlaufen war für den Buben noch relativ einfach, wenn der Meister nicht gerade ganz schief gelagert war. Wehe aber, wenn er vor lauter „Durst" ungeduldig auf seinen Schnaps wartete und dann vor die Tür ging, um nach dem „langsamen Saububn" Ausschau zu halten. Da mußte der Seppl also zuerst in Richtung Vomperhof laufen, wohin ihn der Meister schickte, so lang, bis er außer Sichtweite war. Dann hieß es umdrehen und in einem großen Halbkreis über das Oberdorf auf die andere Seite des Dorfes zur Traube laufen, wo ja der Schnaps billiger war. Und er durfte natürlich nicht geradewegs zum Schneiderhaus zurücklaufen. Dann wäre er ja aus der falschen Richtung gekommen. Also wieder in einem großen Bogen zurück in Richtung Vomperhof und dann erst im Laufschritt zum Schneiderhaus, wo der „ausgetrocknete" und ungeduldige Meister wartete. „Saubua, blöda, wo bist denn so lang?" Das und nicht selten auch eine tüchtige Watschen waren der Empfang für den „Laufburschen". Zu Mittag dann hatte er die 20 ersparten Groschen der Meisterin abzugeben. Diese Schnapstour wiederholte sich in späterer Zeit oft mehrmals am Tag. Kein Wunder, daß aus dem kleinen Seppl später ein recht lauftüchtiger Mann geworden ist. Einmal, es war im zweiten Lehrjahr, als der Meister schon mehr betrunken als nüchtern war, hat ihn der kleine Seppl aber tatsächlich „drangekriegt". Wieder war er auf seiner Schnapstour, gerade im Oberdorf. Ein paar üble „Schnapsbrüder" hatten schon lange bemerkt, daß der Bub öfters mit einem Viertel Schnaps unterwegs war. Sie hielten ihn also auf, nahmen ihm den Schnaps aus der Hand und tranken mindestens die Hälfte davon aus. Lachend gaben sie dem verzweifelten Buben die halb leer gesoffene Flasche zurück. Was also tun? Seppl war nicht lang verlegen. Er hielt die Flasche mit dem schmalen Hals unter den Dorfbrunnen und wollte sie auffüllen. Freilich hatte er die Grundgesetze der Physik mißachtet. Der scharfe Wasserstrahl trieb auch noch einen Teil des Schnapsrestes aus der Flasche. Auch gut. Der Rest mußte eben mit Wasser aufgefüllt werden. Wird schon klappen. „Der wa ja e b'soffen." Tatsächlich kam also Seppl mit dem arg gewässerten Schnaps nach Hause. Der Meister schluckte zuerst ein paarmal, setzte dann ab und sagte: „Dös is oba a lötzes Gsüff." – „Ja mei", meinte der Seppl, „woaßt, Moasta, es war der letzte Schnaps aus dem Faßl." Tatsächlich glaubte der Meister das auch, und die Schnapspartie war ohne grobe Watschen zu Ende gegangen. Auch die 20 Groschen für die Meisterin waren gerettet. Das hinderte sie aber nicht, beim Mittagessen schon nach zwei Krapfen, die der Seppl hinuntergeschlungen hatte, mit dem Fuß ein kräftiges Zeichen zu geben, daß es jetzt genügen müsse für einen Lehrbuben.

Nicht ganz stubenrein

ist die Geschichte, die mir der Sepp über seine Meisterin erzählt hat. Zu ihrer Entschuldigung muß man aber anführen, daß der Herr Gemahl pro Woche mehrere Male sehr spät und betrunken nach Hause kam und dann einen Höllenlärm machte, bevor er endlich in seine Bettstatt fiel. Nicht gerade angenehm für eine Ehegattin. Fürstlich gehalten wurde sie ohnehin nicht, das bewies schon die Geschichte mit den 20 Groschen vom Schnapskauf. Sie mußte um jeden Groschen kämpfen, weil der Herr des Hauses einen Großteil des für damalige Zeiten guten Einkommens versoff. Wie ein jahrelang über den Durst saufender Mann ausschaut, kann man sich recht gut vorstellen. Meistens unrasiert, ungepflegt, schlampig – wenig reizvoll für eine Frau. Soviel zur Entschuldigung der Frau Meisterin.

Die Gesellen im Schneiderhaus waren durchwegs freundliche junge Männer, die froh waren, eine Anstellung gefunden zu haben. Sehr großzügig war die Bezahlung ihrer Leistung nicht. Die Zeiten waren ja schlecht. Einer von ihnen, er war sicher auch der tüchtigste und fleißigste, hieß Toni. Ein recht strammer Bursch, groß gewachsen, dunkelhaarig, stets sauber, ruhig in seinem Verhalten. Nicht selten hörte man im Haus das Geschrei und Gezänk der Eheleute. In letzter Zeit immer öfter floh dann die Meisterin aus dem Haus und suchte Schutz drüben beim Nachbarn. Das alles erlebten auch die Gesellen hautnah mit. Die Meisterin tat ihnen leid. Der Leser ahnt schon, was sich da anbahnte zwischen dem Toni und der von ihrer Ehe enttäuschten Meisterin. Der völlig unaufgeklärte Lehrbub Seppl allerdings tappte da blind in ein „Fettnäpfchen“. Die Meisterin war deprimiert, nebenbei auch stark verkühlt. Sie lag also – wie an vielen, vielen Abenden – allein in ihrer Schlafkammer. Draußen war es schon lang dunkel. Das ganze Haus schlief. Auch der Seppl auf seinem Diwan, der ja am Gangende vor dem Schlafzimmer des Ehepaares stand. Da hörte der Seppl ein Knistern, Schritte auf dem Gang, aber leise Schritte, also nicht das übliche Gepolter des Meisters. Als er dann seine verschlafenen Augen aufschlug, erkannte er den Toni, der – nur spärlich bekleidet – leise ins Schlafzimmer der Meisterin schlich. „Aha“, dachte sich der Seppl, „der Toni ist schon ein netter und gutmütiger Mann. Sogar in der Nacht schaut er, ob's der Meisterin wohl gutgeht.“ Und dann schlief der Bub wieder ein. Spät und wie immer lärmend war dann der Meister heimgekommen. Am Morgen folgte die übliche Schnapstour. Nachdem der Meister schon draußen vor der Haustür den Schnaps gierig hinuntergeschluckt hatte, war er wieder ganz er selbst, für ein paar Minuten sogar zufrieden. In seinem innerlichen Wohlergehen und einem anfliegenden Hauch von Sorge um seine Frau fragte er dann den Seppl so beiläufig: „Wia is es denn gestern nacher der Meisterin gangen? Hat sie wenigstens guat gschlafen?" Da kam die Antwort des gutgläubigen Buben. „Ja, guat is es gangen, Moasta, i glab, sie hat guat gschlafen. Sogar der Toni hat sie kümmert um sie. Mitten in der Nacht is er eini zu ihr ins Schlafzimmer, weil er se Sorgen gmacht hat um die Moasterin." Mehr brauchte der Bub nicht zu sagen. Den Wirbel in der „meisterlichen" Ehe können wir uns vorstellen. Eine Viertelstunde später rannte die weinende Meisterin aus dem Haus – zum Nachbarn hinüber, der Meister tobte weiter, war den ganzen Tag lang noch grantiger als sonst. Der Toni aber blieb interessanterweise ungeschoren – und im Haus. Vielleicht war er dem Meister zu stark, vielleicht war dem Meister auch seine Arbeitskraft mehr wert als die Treue seiner – seien wir ehrlich – sehr geplagten Frau. Warum der Riesenkrach stattfand, verstand der Seppl noch eine Zeitlang gar nicht. Heute weiß er natürlich, welche Pflege der Toni seiner Meisterin angedeihen ließ. „Recht is der Rauschkugl g'schehn", dokumentiert der Sepp die nächtliche Hauspflege.

Lehrbub oder Knecht?

Wenn sich Sepp heute an seine Lehrzeit erinnert, weiß er nicht recht, ob er eigentlich Lehrbub oder eher ein Knecht des kleinen Hauses war. Freilich lernte er das Allernotwendigste von den freundlichen Gesellen, denen es auch nicht gerade rosig ging. Immer öfter aber wurden seine Lehrlingsarbeiten unterbrochen. Nicht daß der Leser glaubt, Seppl wäre traurig gewesen über diese Unterbrechungen. Im Gegenteil. Er war froh, aus seiner langweiligen Ecke in der Werkstatt herauszukommen. Da gab es vorerst die Gänge bzw. Läufe hinüber nach Schwaz. Das sind immerhin zwei bis drei Kilometer. Die Pakete, voll mit einfachen, billigen Stoffen, waren dort abzuholen. Natürlich konnte er nicht nach Schwaz hinüber spazieren, da hieß es schon die Beine in die Hand nehmen und laufen. Der Meister war ja, wie wir wissen, fast immer schlecht bei Laune, und das Warten war nicht seine starke Seite. Aus dem Lehrbuben Seppl wurde daher mit andauernder Lehrzeit ein recht gut trainierter Läufer. Später einmal sollte ihm das zum Vorteil gereichen. Nicht selten wurde er dann, noch keuchend und schwitzend, mit den Worten empfangen: „Lausbub, verflixter, wo bist denn scho wieder so lang?" Ein Lob für seine respektable Laufleistung gab es vom Meister nie. Eher schon von den Gesellen, wenn sie dann sagten: „Seppele, heut warst aber schnell wieda do." Der Seppl wurde trotz seines eher schlechten Lehrplatzes durchaus kein Jammerer. Er wurde härter und ging durch eine gute Lebensschule. „Arbeiten hab i g'lernt", sagt er heute. Nach der meist eintönigen Arbeit in der Werkstatt putzte er willig die Schuhe, er hackte genauso willig das Holz zum Einheizen, er spülte ab, trocknete das Geschirr, pflückte das Obst, lief täglich oft mehrere Male um den Schnaps für den Meister, empfand es auch nicht als außerordentlich deprimierend, wenn er als Dank für alle Nebenarbeiten eine Ohrfeige kassierte.

Eine Arbeit allerdings, die war für den Seppl ein echter Graus. Der Leser weiß schon, daß die fürchterlich stinkende Jauchengrube unter dem Holzbalken ihren beißenden Gestank verbreitete. Seppl grauste fürchterlich vor dem Dreck. Wenn die Grube gefüllt war, wurde der Seppl beauftragt, zum nahen Bauern zu laufen, der die Jauche als Dünger verwendete. Ein natürlicher Vorgang, die Verwendung von Kunstdünger war ja damals weniger üblich. Ob man „Gott sei Dank" oder „leider" sagen soll, weiß ich nicht recht. Für den kleinen Seppl allerdings war die ganze Jauchenangelegenheit mit einem „leider" verbunden. Es waren die unangenehmsten Tage in seinem Lehrlingsleben, wenn die Jauchengrube voll war und der Inhalt, „diese dreckige, grauslig stinkende Soß", umgeschöpft werden mußte. Der Bauer stand hinter dem Haus mit seinem Anhänger, in den der Seppl die Jauche zu schöpfen hatte. „Mein Gott, war das eine Arbeit. Da hast dann tagelang g'stunken wia an Abort, tagelang is dös Gstank nimmer außergangen aus dem Gwand." Nicht nur eine mühselige und kraftraubende Arbeit, die sich oft über zwei Tage lang hinzog, sondern eben auch eine stinkende. Sogar die Gesellen rümpften nach der Jauchenarbeit die Nase, wenn der Seppl wieder in seiner Ecke saß. Wie gesagt, von allen Nebenarbeiten des Lehrbuben war das Jauchenschöpfen die unbeliebteste. Aber auch das ging vorüber. Und dann war ja wieder Ruhe für ein halbes Jahr.

Allerdings – mit menschlichen Abfallprodukten, dieses Mal gottlob in rein flüssigem Zustand – hat der Seppl auch sonst keine guten Erfahrungen gemacht. Die Meisterin, von der schon ein paarmal die Rede war, hatte auch kein leichtes Leben. Das wissen wir schon. Bei einem so versoffenen Mann kein Wunder. Im Winter von Seppls zweitem Lehrjahr war sie an Grippe erkrankt und lag droben in ihrer Kammer, schwitzend, schlecht aufgelegt und daher auch schimpfend, vor allem mit dem Seppl, der sie bedienen mußte. Bei Grippe war natürlich eine Arznei notwendig. Weil eine Hausapotheke unbekannt und ein Arzt zu teuer war, sollte der Seppl also schnell nach Schwaz hinüberlaufen, um Tabletten zu holen. Die Meisterin wußte, daß ihr bestimmte Tabletten schon im Jahr zuvor gut geholfen hatten. Also schrieb sie den Namen des Wundermittels auf einen Zettel, drückte dem Seppl Geld und den Zettel in die Hand und schickte ihn mit den Worten „Aber das'd ja glei wieder do bist!" nach Schwaz. Seppl beeilte sich. Er war ja ein recht guter Läufer. In einer knappen halben Stunde war er drüben in der Stadt. Keuchend stürmte er in die Apotheke, wo man den Buben kannte. „Ja Seppele, heut hast es aber eilig. Was willst denn?“ Seppl sagte schnell, daß die Meisterin krank sei und Tabletten brauche. Welche, das habe sie ihm auf einen Zettel geschrieben. Der Seppl kramte in seinem Hosensack, griff in den anderen, dann noch einmal in den ersten. Ja, wo zum Teufel ist denn der Zettel? „Mein Gott, jetzt, glab i, hab i den Zettel verlorn.“ Der Herr Magister meinte: „Ja, was hat sie denn, dei Meisterin?“ – „I glab, die Grippe.“ Wenn das so wäre, wüßte der Magister schon ein gutes Mittel, das helfe. Er werde dem Seppl also dieses Mittel mitgeben, und der Frau Meisterin wünsche er eine gute Besserung. Seppl war froh über die Hilfe des freundlichen Apothekers und lief, so schnell er konnte, wieder hinüber nach Vomp. Im Bewußtsein, seine Sache gut gemacht zu haben, stürmte er hinauf ins Schlafzimmer zur ungeduldigen Meisterin. „So, Frau Meisterin, da wär dann das Mittel.“ Ungeduldig riß die Kranke dem Buben das Schächtelchen, in dem das Medikament schön säuberlich verpackt war, aus der Hand, las den Namen des Mittels, wurde noch röter in ihrem hergenommenen Gesicht, holte Luft und schrie dann den Buben an: „Ja, du Trottel, du blöder, i hab dir ja dös Mittel aufgschrieben. Dös is ja ein ganz verdrahtes.“ Verdutzt antwortete Seppl, daß er leider den Zettel verloren habe, der Apotheker aber dieses Mittel… Weiter kam er mit seiner Erklärung nicht. Die zornige Meisterin griff nach dem Topf unter ihrem Bett – damals hatte man in den Nachtkasteln diesen Topf, weil man sich den langen Gang aufs Klo ersparen wollte – und schlug den vollen Topf dem verdatterten Seppl auf seinen Schädel. „Ja, direkt auf'n Schädl hat sie mir den Topf g'haut. Und wenn er nit vorher an Sprung g'habt hätt, wär er a nit zerbrochen. Und i hätt den Schädel ein g'habt.“ Der Topf zerbrach also, dem Seppl aber… Ja, jedenfalls graut ihn noch heute, wenn er daran denkt, wie er damals ausgesehen hat. Die Narbe am Kopf verheilte schnell, die Meisterin wurde wieder gesund, und die Gesellen hatten einen Grund, sich herzlich auszulachen. Heute lacht auch der Sepp über die unappetitliche Taufe. „Mein Gott, sie war ja ein wirklich armes Weib“, sagt er. Er hat ihr schon lang verziehen.

Der Lehrbub mit der Krücke

Seppl war schon ein gutes Jahr in der Lehre, da tauchte eines Tages ein zweiter Lehrbub auf. Es war ein schmächtiges Bürschl, gehbehindert, weil er von Geburt an mit einem Bein nicht auftreten konnte, und deshalb auf Krücken angewiesen. Als ihn Seppl das erste Mal sah, erinnerte er sich an die alten Bilder, auf denen man mittelalterliches Leben darstellte und deshalb auch Gebrechliche mit ihrem gewöhnlichen Holzstecken malte, die sie, weil es ja moderne Krücken im heutigen Sinn nicht gab, als Gehhilfe verwenden mußten. Auf so einem Holzstock hinkte der neue Lehrbub in die Werkstatt. Ein freundliches Bübl, das Seppl gleich ins Herz geschlossen hatte. Endlich hatte er einen gleichaltrigen Partner, mit dem er ein paar Worte reden konnte. Freilich blieb nicht allzuviel Gelegenheit dazu, weil die Laufburschenarbeit hinüber nach Schwaz oder um den täglich benötigten Schnaps natürlich beim Seppl blieb. Der Willi aber, so hieß der neue Lehrbub, endelte Tag für Tag die Stoffstücke ein, wie es sich eben für Lehrbuben gehörte. Willi war der Sohn eines eher begüterten Mannes, der ganz in der Nähe des Schneiderhauses wohnte und sein Brot als Jäger verdiente. Willis Mutter war eine energische, aber gütige Frau. Bald einmal hatten die Eltern des neuen Lehrbuben von der schmalen Kost im Haus des Schneiders erfahren. Willi hatte es ja besser, weil er zu Mittag heimkam und am Abend wieder nach Hause ging. Er war also ein Lehrbub, der weder „Kost noch Logis“ verlangte, den Lehrherrn also nichts kostete. Er mußte froh sein, lernen zu dürfen. Weil der Sepp immer hungrig war und eine „Jausn“ beim Schneidermeister nicht üblich war, teilte Willi anfänglich mit dem Seppl das mitgebrachte Butterbrot. Für uns heute ist es schwer zu verstehen, daß ein Butterbrot für den Seppl so etwas wie eine Festmahlzeit war. Und als der Willi dann anfing, dem Seppl einen schönen Gruß von der Mutter auszurichten, die auch für ihn, den Seppl, ein Butterbrot gestrichen hatte, lebte dieser im siebten Himmel. Jeden Tag freute er sich auf das Butterbrot der Frau Greiter. Weil der Seppl so nett zu ihrem gehbehinderten Sohn war, wurde Frau Greiter für die weitere Lehrzeit des Seppl so eine Art gute Fee. Der Sonntag, bisher eher langweilig oder aber mit Hausarbeiten gefüllt, wurde bald einmal zum wahren Feiertag für den Seppl. Frau Greiter lud ihn immer öfter zum sonntäglichen Mittagessen ein. Das war ein Mittagsmahl, wie es Seppl kaum einmal genossen hatte. Herr Greiter war ja Jäger, deshalb gab es nicht selten auch einen Hirsch- oder gar einen Gamsbraten. Das war auch für verwöhnte Leute ein Festtagsschmaus. Und noch etwas. Da gab es niemanden, der unter dem Tisch in Form eines heftigen Fußtrittes ein Zeichen setzte, daß man nun aufhören müsse mit dem Essen. Ganz im Gegenteil. Frau Greiter fragte immer wieder: „Hast wohl genug, Seppele? Magst noch ein Stückl?" Was der oft ausgehungerte Seppl zu Antwort gab, können wir uns vorstellen. So gab es also auch während der nicht gerade fröhlichen Lehrzeit des Buben einen Menschen, der auf ihn schaute, der ihn anscheinend auch mochte. Willi wurde ein echter, netter Freund. Diese Freundschaft dauerte die ganze Lehrzeit lang und die Einladungen zur Familie Greiter, bei der der Seppl oft den ganzen Sonntag verbringen durfte, auch. Leider war Willi nicht sehr lange Lehrbub beim Schneidermeister. Frau Greiter, nicht nur eine gütige, sondern auch eine energische Frau, war einige Male schon „zusammengekracht" mit dem stets grantigen Meister, weil sie glaubte, daß ihr Bub zu wenig lernte in dieser Werkstatt. Tatsächlich nahm sie dann den Buben nach einem neuerlichen Krach mit dem Meister einfach mit heim. Das hinderte aber Frau Greiter nicht, auch weiterhin den Seppl bei jeder Gelegenheit einzuladen. Beinah erwachte im kleinen Seppl das Gefühl, als gäbe es da plötzlich so etwas ähnliches wie eine Familie, zu der – so glaubte er fast – auch er zu gehören schien. Dieser Familie Greiter und ihrem Buben, der später Schneidermeister in Vomp wurde, ist Sepp heute noch dankbar. Sie halfen ihm über die manchmal sehr schwere Lehrzeit hinweg.

Der Zusteller

Seppls Meister hatte sich in den letzten Jahren auf Hosen spezialisiert. Wir Älteren erinnern uns an die einfachen, meist dunkelgrauen oder schwarzen Wollstoffhosen mit Knöpfen für den obligaten Hosenträger und einer schmalen Schnalle über dem Gesäß, die in einfacher Weise auf den Bauchumfang des Trägers eingestellt wurde. Die Schmalen mußten dann mit einigen Falten im Hinterteil der Hose rechnen, die Dicken hingegen füllten es straff aus. Heute trägt man solche Hosen nur noch selten oder überhaupt nicht mehr. Damals – in der harten Zeit der beginnenden dreißiger Jahre – war auch eine einfache Hose weitaus mehr wert als heute der schönste Anzug. Die Bauern in der Umgebung konnten sich ab und zu eine Hose vom Schneider leisten. Kaufhäuser wie heute gab es ja keine, und eine Fertighose in einem noblen Kleiderhaus konnten nur wenige kaufen. Anzüge waren für den Meister ein eher seltener Auftrag. So ein Anzug mußte dann aber schon ein paar Jahre aushalten, als Festgewand für alle Anlässe, von der Hochzeit bis zu Schützenfesten und Begräbnissen. So ein seltener Auftrag für einen Bergbauern am Weerberg war vom Meister erledigt worden. Der Anzug war fertig. Nun war es nicht so, daß die Bauern herunterkamen von ihren Höfen, um eine fertige Hose oder einen Anzug abzuholen. Die Ware wurde ihnen selbstverständlich zugestellt. Und von wem, wenn nicht vom Lehrbuben. Die Kundschaft des Meisters wohnte nicht nur in Vomp, sie war aufgeteilt auf viele Dörfer und Weiler in naher – und oft auch nicht so naher Umgebung. Die Bauern kamen vom Vomperberg, von Gallzein, von Terfens, vom Pillberg, vom Weerberg, meistens Bergbauern, die wohl genügend zu essen hatten, mit dem Bargeld aber sparsam umgehen mußten. Der Lehrbub Seppl hatte die Aufgabe, diese Hosen oder Anzüge nach der Arbeit nicht nur zu liefern, sondern die Lieferung auch abzukassieren.

Einmal war der Anzug für einen Bergbauern am Weerberg bestimmt. Wer den Weg von Vomp hinüber auf die andere Inntalseite und dann hinauf zum Weerberg kennt, der weiß, daß auch ein guter Geher mindestens eineinhalb, wenn nicht zwei Stunden braucht, um ans Ziel zu kommen. Nun war es bereits Herbst. Es dunkelte schon früh. Seppl, mit dem Paket unter dem Arm, in das der Anzug gepackt war, schritt rüstig zuerst nach Schwaz, dann über die Brücke, inntalaufwärts bis zum Weg, der hinaufführte zum Weerberg. Um 8 Uhr abends war es natürlich schon stockdunkel. Straßen- oder Wegbeleuchtung gab es nicht. Ein Karrenweg brauchte kein Licht. Eine gute Stunde war es noch bis hinauf zum Bauern. Nicht, daß der sechzehnjährige Seppl Angst gehabt hätte, aber ein bißchen unheimlich war ihm schon zumute, als er so mutterseelenallein den einsamen, menschenleeren Weg hinaufging. Die düsteren, schwarzen Umrisse mancher Büsche erinnerten an menschliche Figuren, die dem Buben entgegenzukommen schienen. Der Weg führte durch dichten Wald, dunkle Fichten standen rechts und links am Wegrand, das Scharren der Füße auf dem Schotterweg war der einzige Laut, der den Buben begleitete. Es nützte auch nichts, wenn er schneller ging, um bald aus dem Wald herauszukommen. Die schwarzen Baumriesen blieben gleich unheimlich, gleich still – es war nicht nur der Schweiß vom schnellen Gehen, den es dem Seppl auf die Stirne trieb. Ein Frösteln kroch ihm zugleich den Rücken hinunter, doch endlich führte der Weg hinaus aus dem dunklen, unheimlichen Wald. Noch eine gute halbe Stunde bis hinauf zum Weerberg. Der Bauer hatte seinen Hof ganz drüben, in der Nähe der Kirche, aber die Lichter aus den kleinen Fenstern der einzelnen Höfe gaben dem Buben wieder Mut. Sein Ziel war ja jetzt bald erreicht, und dann gab es – wie fast immer, wenn er eine Hose oder einen Anzug abgeben mußte – eine gute Jause oder gar ein Abendessen beim Bauern. Endlich stand er vor dem langersehnten Ziel. Seppl öffnete die Haustür, die damals kein Bauer verschlossen hatte, trat in den Hausgang und klopfte leise an die Stubentür. Ein „Ja" sagte ihm, daß er eintreten könne. Der Bauer, die Bäuerin und ein paar Kinder saßen um den einfachen Stubentisch. „Ja, der Seppele isch do." Seppl, ehrlich gesagt schon ein bißchen müde, grüßte freundlich. „I hab dir den Anzug mitbracht, Bauer." Sichtlich erfreut war der Bauer. „Ah, dös isch fein, Seppele." Und dann kam auch schon die Einladung: „Kimm, setz di her, Bua, und iß erst amol anständig. Geh Midl, hol dem Buabn a bißl Speck und a Brot." Seppl war natürlich hungrig. Er war ja vor dem Abendessen um 6 Uhr mit dem Paket auf den langen Lieferweg geschickt worden. Er dachte jetzt aber an die Ermahnung des Meisters. „Daß'd ma ja nit ohne Geld hoamkimmst, sonst erlebst was!" hatte er gesagt. Deshalb wagte der Seppl schon jetzt, bevor er sich zum Essen setzen wollte, den Einwand: „Ja Bauer, der Moasta hat gsagt, daß i den Anzug a glei kassieren soll." Das Gesicht des Bauern verlor nun für ein paar Augenblicke die Freundlichkeit, mit der er den Seppl zum Essen eingeladen hatte. „Ja, so eilig wird's woll nit sein. Sagscht dem Moasta, daß i selber obikimm und ihn dann schon zahln tua." Dem Seppl verging vor lauter Sorge und Angst vor dem „Empfang" durch den Meister der Appetit. „Ja, Bauer, was soll i denn tuan? Der Moasta hat gsagt, wehe, wenn i ohne Geld hoamkimm." Sicher tat dem Bauern der Bub leid. Genauso sicher aber war es, daß er eben zur Zeit kein Geld hatte, um den Anzug zu bezahlen. „Nutzt nix, Seppl, sag dem Moasta einfach, i kimm schon. Der wird dir schon koan Haxn ausreißn. Und jetzt Schluß!" Verdutzt stand der Seppl immer noch vor dem Bauern. Es würgte ihn im Hals. Er hatte wirklich Angst, mit dieser Nachricht vor den Meister zu treten. Er kannte ihn ja. Ein jähzorniger, besoffener Laggl. Seppl war verzweifelt. Er dachte nicht mehr ans

Essen. „Ja mei, dann muaß i halt gehn, Bauer. Bhüat euch!" Der Bub schlich langsam aus der Stube – und machte sich sorgenvoll auf den Heimweg. Weil seine Gedanken jetzt nur um den Meister kreisten, der ihm gedroht hatte, ja nicht ohne Geld heimzukommen, sah er nicht mehr die schwarzen, unheimlichen Fichten im Wald, auch nicht die Büsche, die an irgendwelche nächtliche Gestalten erinnerten, er spürte nicht einmal mehr die Müdigkeit, die sich in seine Beine geschlichen hatte. Nach etwa zwei Stunden stand er vor dem Schneiderhaus in Vomp. Es war bereits halb elf Uhr. Der Schneider und die Meisterin lagen droben in der Schlafkammer. Anscheinend fehlte dem Meister heute das nötige Kleingeld, um es ins Wirtshaus zu tragen. Seppl schlich also die Holzstiege hinauf. Er stand vor der Tür, die ins Schlafzimmer führte, klopfte leise – und hoffte, daß die beiden da drinnen vielleicht schon schliefen. Leider, die Hoffnung war trügerisch. „Ja", das war die barsche Stimme des Meisters. Eher zornig, so wie immer. „I bin's, der Seppl." – „Kimm eina", die Antwort. Kaum hatte der Seppl die Tür geöffnet, fuhr ihn der Meister an. „Und – wo hast dann das Geld?" Jetzt kamen die schweren Minuten, vor denen sich Seppl so gefürchtet hatte. „Ja, der Bauer", drückte der Seppl heraus, „hat gmoant, er bringt das Geld selber." Jetzt war die Antwort draußen. Das Gewitter konnte losgehen. Und es kam schneller und gewaltiger, als es der Lehrbub befürchtet hatte. „Was, du Saubua, du dreckiger, du kimmst da ohne a Geld daher. Hob i dir nit g'sagt, daß'd kassieren sollst …" Zu einer Rechtfertigung kam der Seppl nicht mehr. Der Meister, wie der Bub jetzt bemerkte, doch leicht betrunken, riß die Bettdecke von sich, sprang aus dem Bett und stürzte sich auf den Seppl. Der Bub erhielt eine Ohrfeige, die kräftiger ausfiel, als er es gewohnt war, wollte natürlich schnell wieder aus dem Zimmer flüchten, der Meister aber rannte ihm nach, erwischte ihn beim Kragen, schlug in seiner Erregung auf den Buben ein, bis sie beide, Seppl, die Hände über den Kopf haltend, der Schneider, auf ihn eindreschend, bis vor die Stiege kamen.

Und da stieß der Grobian in seiner Wut den Buben brutal die steile Holzstiege hinunter. Drunten im Hausgang blieb der Seppl liegen. Der Meister ging, ohne nach dem Buben zu schauen, immer noch fluchend ins Zimmer zurück. Der Seppl aber lag drunten im Hausgang, weinend vor Zorn auf den alten Teufel. Es glich einem Wunder, daß dem Buben nichts passiert war. Nur ein paar blaue Flecken erinnerten ihn noch tagelang an diesen furchtbaren Abend. Als die Frau Greiter von der Untat des Schneidermeisters erfuhr, war sie entsetzt. Sie war die einzige, die dem alten, immer böser werdenden Schneider gehörig die Meinung sagte und ihn anzuzeigen drohte. Die Meisterin zeigte ihr Mitleid dem Seppl beim Mittagessen am nächsten Tag. Heute hätte der Lehrbub zulangen können, sooft er wollte. Der Fußtritt unter dem Tisch blieb aus. Schade, grad heute hatte der Seppl keinen Appetit auf die Kiachl. Der Kummer um sein Dasein und die Wut auf den verhaßten „Alten“ nahmen ihm die Lust auf ein gutes, ungestörtes, nicht unterbrochenes Mittagessen. Auch die Gesellen hatten Mitleid mit dem Buben. Er spürte es. Wehren für ihn konnten sie sich nicht. Jeder bangte um seinen Arbeitsplatz. Der Seppl, im Nehmen hart geworden, hatte ein paar Tage nachher die Sache wieder vergessen. Frau Greiter half ihm dabei am Sonntag mit einem saftigen Hirschbraten.

Das fröhliche Begräbnis

Jahrzehntelangen Alkoholkonsum verträgt der stärkste Körper nicht. Schon gar, wenn die Getränke immer härter und schärfer werden. Der Meister soff täglich einen guten halben Liter Schnaps und obendrein noch Wein und Bier, wenn er am Abend bei seinen Kumpanen saß. Er war ja schließlich Fähnrich bei den Schützen – üblicherweise eine eher ehrende Funktion – und Hauptmann bei der Feuerwehr. „Wia der B'soffene die Fahnen hat tragen können, wundert mi heut no“, sagt der Sepp.

„Und wenn's brennt hätt, wer der ja sowieso z'spat kemmen." Wie sagt doch das alte Sprichwort? Geld regiert die Welt. Und dieses Geld trug der Meister eben ins Wirtshaus, wo er freigebig, ja großzügig war, weil man ihn selbstverständlich seiner „Zahlungskraft" wegen hochleben ließ. Was die „Alte" daheim anfing, war ihm ziemlich „wurscht".

Eines Tages rebellierte der immerhin 1,90 m große und gar nicht schwache Körper des Meisters. Mit einer starken Lungenentzündung warf es ihn auf sein so oft nur wenig benutztes Bett. Die Leber streikte wohl auch. Das Gesicht des Meisters verfärbte sich rötlichblau, seine Zunge war dick angeschwollen und ebenfalls dunkel gefärbt, sein Atem wurde zu einem Röcheln. Jedenfalls, „grauslich und unheimlich hat er ausgschaut". Die Meisterin floh aus der gemeinsamen Schlafkammer und bezog den Diwan des Seppl, der, wie wir wissen, am Ende des Ganges vor der Ehekammer stand. Der Lehrbub schlief bei den Gesellen – am Boden. Weil sich der Meister kaum noch rührte, nur noch vor sich hinröchelte und der plötzliche Entzug des Alkohols wohl auch seinen Teil zu inneren Schmerzen beigetragen haben mochte, mußte man auf ihn „aufpassen". Es mußte also ein Geselle oder auch Seppl in die Kammer zum Meister, um dazusein, falls mit dem dahinröchelnden Kranken „etwas passieren sollte". Die Gesellen taten das nur ungern, aber sie mußten eben. Für den Seppl war diese „Vortotenwache" eine unheimliche Sache. Deshalb verlegte er seine Wachestunden stets vor die Kammer des Meisters. Der Anblick des sterbenden Menschen war ihm zu unheimlich. Seppl saß also während einiger Nachtstunden auf einem Stuhl vor der Kammertür und lugte durch das Schlüsselloch. Er konnte direkt zum Bett des Meisters sehen. Wenn sich der Todkranke bewegte, rüttelte er am Bett der Meisterin: „Moasterin, der Moasta rührt sich!" Diese Nachricht aber riß die Meisterin nicht aus dem Bett. „Wird scho nit so schlimm sein, laß mi schlafn." Sie war ja todmüde, hatte sie doch den ganzen Tag lang nicht nur die übliche Hausarbeit zu tun, sondern auch auf den kranken Gemahl aufzupassen. Das ging so ein paar Tage, bis ein Geselle meldete, daß sich der Meister nicht mehr rühre. Er war gestorben. Die Meisterin weinte, die Gesellen ließen den Kopf hängen. Nicht deshalb, weil der Schneider gestorben war, sondern deshalb, weil sie um ihre Zukunft bangten.

Vorerst aber mußten sie alle zusammen den Meister aufbahren, drunten in der Werkstatt. Wie es so üblich ist, kam nicht nur das „ganze Dorf", sondern es besuchten auch viele Kundschaften aus den umliegenden Ortschaften das Schneiderhaus, um dem Meister die letzte Ehre zu erweisen, vor allem aber der Meisterin ihr Beileid kundzutun. Es waren traurige Stunden. Der Friedhofsgeruch im Haus, der Tote in der Werkstatt, die vielen Menschen mit dieser Trauermaske im Gesicht, dazu die Vorbeterin, die den ganzen Tag lang ein Gebet nach dem anderen herunterleierte.

Endlich das Begräbnis. Nun möchte man glauben, daß dieser Mensch, der sein Leben lang gesoffen, seine Frau schäbig behandelt, den Lehrbuben wie einen Knecht gehalten hatte, eher still und ohne viele Freunde seinen letzten Gang angetreten hätte. Ganz im Gegenteil. Da marschierten die Schützen auf, die Musikkapelle, die Feuerwehr, beinahe alle Dorfbewohner, viele Bauern aus der Umgebung. Sepp weiß heute noch nicht, ob die Menschen aus bloßer Neugier oder aber tatsächlich aus Zuneigung zum Meister dieses Schauspiel miterleben wollten. Alle trugen sie ernste Gesichter zur Schau. Nach der Einsegnung in der Totenkapelle begann der übliche Rundgang durchs Dorf – ein Aufmarsch, wie er nur selten zu sehen war. Ja, sogar eine Abordnung der Heimatwehr war dabei, die der Meister vor einem Jahr „eingekleidet" hatte. Auch der Seppl mußte mit. Ihm wurde eine besondere Ehre zuteil. Auf einem Pölsterchen, das er vor sich hertrug, lagen die Auszeichnungen, die der Meister im Laufe seines Lebens von den Institutionen erhalten hatte, Medaillen, die heute zum letzten Mal glänzten. Direkt neben der Meisterin ging der Seppl hinter dem Sarg her. Er unterschied sich von allen Trauermasken durch ein frohes, ja lächelndes Gesicht. Das

Lächeln in seinem Burschengesicht war während des Begräbnisses schon eher auffallend. Einige der Trauergäste flüsterten sich die „Entdeckung" bereits zu. Und als man den Sarg dann nach dem Rundgang endlich in die Gruft hinunterseilte, zeigte das Gesicht des Seppl – neben der weinenden Meisterin – immer noch keine Spur von Trauer. Im Gegenteil, er lächelte, war er doch heilfroh, daß dieser Unmensch endlich das Zeitliche gesegnet hatte. Während der Seppl also eher glücklich über die Gerechtigkeit des lieben Gottes und die Falschheit der trauernden „Schauspieler" rund um ihn nachdachte, erhielt er plötzlich von hinten einen Rempler. Es war der Geselle Toni. „Mensch, Bua, hör decht auf zu grinsen." Jetzt erst wurde dem Seppl klar, daß er auch mitspielen mußte bei „diesem Theater für den Unmenschen", wie er heute sagt. Er versuchte, die Fröhlichkeit aus seinem Gesicht zu verbannen, freute sich aber trotzdem darüber, daß er den „da drunten" endlich los war. Kein christlicher Gedanke, aber ein verständlicher.

Weil der Meister sein Haus mit Schulden belastet hatte und die arme Meisterin nicht mehr „aus und ein" wußte, dauerte es nur noch wenige Monate, bis die Schneiderei geschlossen und das Haus verkauft werden mußte. Die Meisterin heiratete später den Gesellen Toni, den wir ja bereits kennengelernt haben. Für den Seppl waren zweieinhalb harte Jahre vorüber. Gott sei Dank! Aber was war mit seiner Gesellenprüfung? Die mußte und wollte Seppl natürlich unbedingt ablegen.

Hosenprobe für Grenoble (1968): Olga Pall (Olymp. Spiele Grenoble: 1. Abfahrt). Foto: Frischauf

Heini Messner, er gewann mehrere Medaillen. Foto: Frischauf

Die hübsche Heidi Zimmermann mit der ersten „Output-Hose". Foto: Frischauf

Dr. Sepp Sulzberger (3 Jahrzehnte lang Sportwart im ÖSV) und Karl Schranz in eleganter Reinalterkleidung. Foto: Frischauf

Eine Legende: der ehemalige Cheftrainer „Charli“ Kahr. *Foto: Sündhofer*

Annemarie Pröll ... *Foto: Anrather*

... eine der erfolgreichsten Rennläuferinnen aller Zeiten: Olymp. Spiele Sapporo 1972: 1. Komb., WM St. Moritz 1974: 1. Abfahrt, WM Garmisch 1978: 1. Abfahrt, 1. Komb., Olymp. Spiele 1980 Lake Placid: 1. Abfahrt. *Foto: Frischauf*

Karl Schranz, nach dem vermeintlichen Slalom-Olympiasieg in Grenoble 1968. Hinter ihm Herbert Huber (2. Slalom) und Alfred Matt (3. Slalom). Foto: Frischauf

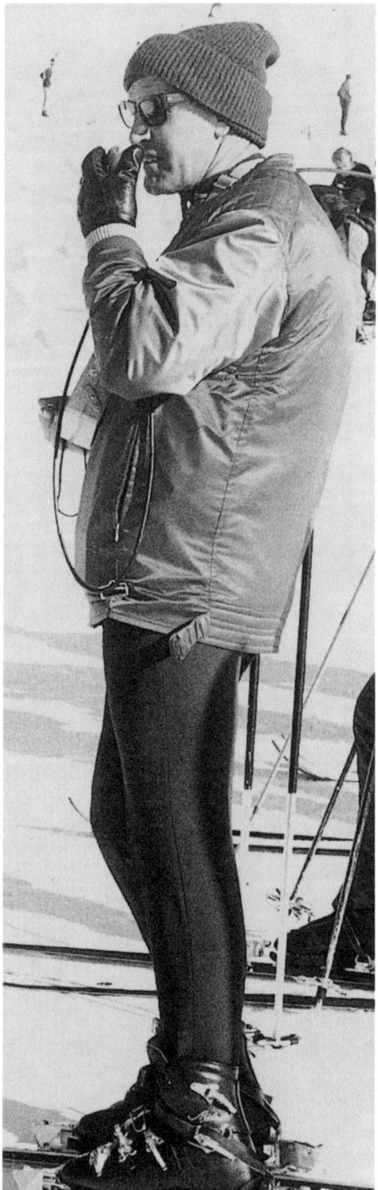

Der damalige Alpinchef Prof. Hoppichler in eleganten Reinalterhosen.

Karl Kahr, Damentrainer (1970), mit seiner Mannschaft: V. l.: Annemarie Pröll, Olga Pall, Gertrud Gabl (†), Ingrid Gföllner, Berni Rauter, Wiltrud Drexl. *Foto: Frischauf*

Alpinmannschaft der Herren, WM Gröden 1970, elegant „gerüstet" vom Sepp: V. l.: Toni Sailer, Karl Cordin, Werner Bleiner, Karl Schranz, Harald Rofner, Heini Messner, David Zwilling und Sepp Loidl. *Foto: Frischauf*

Sepp Reinalter mit David Zwilling (Abfahrts-Weltmeister in St. Moritz 1974).
Foto: Frischauf

Sepp Reinalter unterschreibt einen Lizenzvertrag mit einer japanischen Großfirma.

Sepp Reinalter gratuliert Sepp Walcher (†) zu seinem Weltmeistertitel im Abfahrtslauf (Garmisch 1978). *Foto: Frischauf*

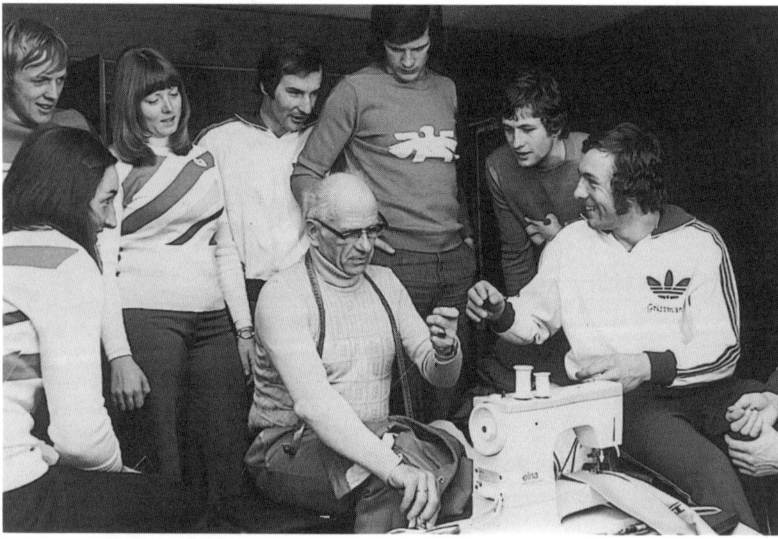

Im Kreis seiner „Buabn und Madln" fühlte sich Sepp am wohlsten: V. l.: Zwilling, Pröll, Tritscher, Cordin, Klammer, Grissemann. *Foto: Frischauf*

Franz Klammer, bereits eine „Legende", nach seinem Abfahrtssieg bei den Olymp. Spiele in Innsbruck (1976) mit Sepp Reinalter. *Foto: Frischauf*

Sepp Reinalter präsentiert seine „R"-Slalomhosen. *Foto: Valentin*

Herren-Alpinmannschaft (1973/74), bereits in den neuen „Jethosen" von Reinalter: V. l.: Winkler, Hansi Hinterseer, Klaus Eberharter, Hauser, Steiner, Morgenstern, Klammer, Walcher, Grissemann. *Foto: Frischauf*

Die Damen, wohlgerüstet in „R"-Hosen (1976/77): V. l.: Ingrid Gföllner, Brigitte Totschnig, Monika Kaserer, Ingrid Lukasser, Nikola Spieß, Regina Sackl, Elfi Teufl, Martina Elmer. *Foto: Frischauf*

Hansi Hinterseer, damals einer der elegantesten und besten Slalom- und Riesenslalomläufer der Welt – natürlich in „R"-Hosen. *Foto: Frischauf*

Lea Sölkner gewann Slalom-Gold in Garmisch (WM 1978). Foto: Brandstätter

Klaus Haidegger, einst Slalom-As, heute erfolgreicher Geschäftsmann in New York. Foto: Frischauf

Harti Weirather in voller Fahrt (Abfahrts-Weltmeister in Schladming 1982). Foto: Brandstätter

Günther Mader sammelte von 1987 bis 1992 bereits fünf Medaillen. Foto: Spiess

Die sympathische Anita Wachter, Weltcupsiegerin 1992/93. Foto: Spiess

Leonhard Stock, Goldmedaille im Abfahrtslauf (Olymp. Spiele Lake Placid 1980), und Hubert Strolz (Kombi-Gold bei Olymp. Spiele in Calgary 1988). Foto: Brandstätter

3. *Dauerläufer, Scherenschleifer*

Von der Hölle in den Himmel

Daß die Lehrjahre des Seppl beim Meister in Vomp kein Honiglecken waren, das wissen wir bereits. Sein letztes Lehrjahr aber sollte ein gutes und schönes werden. „Ich sag dir“, meint der Seppl heute, „da bin ich tatsächlich von der Hölle in den Himmel kemmen.“ Der jetzt Siebzehnjährige erlebte, daß es auch Schneidermeister anderen Formates gab.

Verweilen wir noch kurz in Vomp bei der armen Witwe des verstorbenen Meisters. Sie hatte große Schulden, die ihr der Mann hinterlassen hatte. Einen guten Monat lang führte – der uns bekannte – Toni die Werkstatt weiter. Dann aber mußte die Meisterin das Haus verkaufen. Die Schneiderei wurde geschlossen. Der Seppl verlor also seine Lehrstelle. Was tun? Damals hätte man das heute oft gesagte Wort „in Zeiten wie diesen“ zu Recht sagen können. Die dreißiger Jahre waren die schlimmsten, die Österreich nach dem Weltkrieg erleben mußte. Innerer Unfrieden, Regierungskrisen, Arbeitslosigkeit, Feindseligkeit und Haß zwischen politisch Andersdenkenden, Armut im Land und deshalb auch wenige Lehrstellen. Da gab es aber – Gott sei Dank – immer noch das liebe Fräulein Putzer im Arbeitsamt. Nachdem Seppl ein paar Nächte bei der Großmutter verbracht hatte, trat Fräulein Putzer, die bereits vom Tod des Vomper Schneidermeisters informiert worden war, in Aktion. Tatsächlich gelang es ihr, eine neue Lehrstelle für den Seppl aufzutreiben. Mitten in der Stadt, in der Brixner Straße, bei einem sehr gütigen Schneidermeister namens Stotz – der Sepp erinnert sich gern und genau an den „Herrn“ – konnte der Bub seine Lehre fortsetzen. „Mein Gott, war das ein Unterschied“, sagt der Sepp, und man merkt ihm an, daß er sich gern an die Zeit beim Meister Stotz erinnert. Viel hatte er in Vomp nicht gelernt, alles aber holte er beim neuen Meister nach. Die Gesellen waren nett zu ihm, halfen ihm, wenn er nicht weiterwußte, er lernte, wie man eine elegante Hose zuschneidet und sie zusammennäht, wie eine Weste entsteht, er durfte immer öfter an die Nähmaschine, ja er wurde verwöhnt. Das geschah mit einer guten Jause oder gar mit der Einladung zum Mittagessen beim Meister selbst. Auch an die Gesellen erinnert sich Sepp genau. Da waren die Herren Panner, Pliem und Thomann. Der Schneidergeselle Thomann, übrigens auch ein sehr netter und gutmütiger Mann, hätte es sich damals sicher nicht träumen lassen, daß sein Sohn, damals ein kleines Bübl, das noch die Volksschulbank drückte, ein paar Jahrzehnte später der höchste Würdenträger des Landes Tirol werden sollte. Sepp Thomann war ja bekanntlich jahrelang Landtagspräsident, nicht nur redegewandt, sondern auch sehr beliebt. Seinem Vater ist Seppl heute noch dankbar für die vielen Tips, die er von ihm erhielt.

Im Winter 1932 war Seppl nach Innsbruck gekommen, bereits im Sommer 1933 war seine Lehrzeit vorüber. Die Gesellenprüfung stand ins Haus. Der Seppl hatte zwar viel aufgeholt beim Meister Stotz und seinen netten Gesellen, aber das Können eines wirklich guten Gesellen hatte er noch nicht. Und eine Gesellenprüfung war auch damals nicht leicht. Die Prüfung mußte bei einem anderen Meister abgelegt werden. Seppl übersiedelte also eine Zeitlang in die Werkstätte des Herrn Marhold, der seine Schneiderei in der Innstraße hatte. Um es kurz zu sagen: Die Gesellenprüfung wurde bestanden, sogar gut. Sepp ist heute noch dem Herrn Stotz, seinen Gesellen, aber auch Herrn Marhold dankbar, der ihm – ehrlich gesagt – schon ab und zu einen kleinen Kniff zeigte, sodaß die Hose und die Weste, die er als Gesellenstücke zu schneidern hatte, recht gut ausfielen. Daß sich Seppl über den Gesellenbrief, den man ihm in die Hand drückte, sehr, sehr freute, können wir ihm nachfühlen.

Aber alles Glück dauert nicht ewig auf unserer Welt. Das Gesetz erforderte es, daß Seppl nach Ablegung der Gesellenprüfung noch drei Monate bei seinem Meister arbeiten durfte. Herr Stotz hatte schon drei Gesellen, und die harte Zeit ließ ihm keine andere Wahl, als den Seppl nach dieser Frist zu entlassen. Vor seiner Entlassung hatte der „Geselle“ aber noch ein Erlebnis, das seinen damaligen Meister als „Menschen“ auszeichnete.

Seppl stand bereits in seinem 18. Lebensjahr. Wenn er auch mit Mädchen keinerlei Erfahrung hatte, so regte sich in ihm doch eine Art Eitelkeit. Er wollte den Mädchen ganz einfach gefallen. Bisher hatte das Geld aber kaum gereicht für ein „schönes Gwand“, schon gar nicht für einen Mantel. Seppl, ein stets fröhlicher Bursch, war – scheinbar – auch den Damen nicht ganz gleichgültig. Hätte ihn sonst eine Hilfsschneiderin, die auch beim Meister Stotz arbeitete, zu einem Abendessen eingeladen? Seppl nahm die Einladung gerne an. Was aber sollte er anziehen? Er wollte doch „Eindruck schinden“. Einen halbwegs guten Anzug hatte er ja seit seiner Gesellenzeit. Aber ein Mantel fehlte ihm. Ein richtig schöner Lodenmantel. Kein Wunder, daß er immer wieder auf die langen Mantelreihen hinschaute, die in der Schneiderei auf ihre Käufer warteten. Ob man sich nicht so einen Mantel für ein Wochenende ausleihen könnte, ja „ausleihen“, so von Samstag bis Montag früh. Wenn man den Mantel schonte, würde es der Meister sicher nicht bemerken. Kein sehr sauberer Gedanke, aber die Not macht eben erfinderisch. Und tatsächlich schnappte sich der Seppl am Samstag nach Betriebsschluß ganz heimlich einen der vielen Lodenmäntel, um am Abend mit einem kleinen Blumenstrauß in der Hand als echter Kavalier auftreten zu können. Der Auftritt gelang auch. Der Abend war ein voller Erfolg. Nur der Montag stand vor der Tür. Und ausgerechnet an diesem Montag durchstreifte der Meister seinen Mantelständer, den er genauso gut kannte wie den Inhalt seiner Geldtasche. Da fehlte doch – ja da fehlte der grüne, schöne Lodenmantel, den er schon lange verkaufen wollte. Wo konnte dieser Mantel nur sein? Daß er gestohlen worden wäre, daran dachte Herr Stotz nicht im Traum. Wo also war der Mantel? Das Geheimnis war gelüftet, als Seppl kam – und verschämt den Mantel auf seinen Ständer hängen wollte. Herr Stotz sah es. Seppl wäre lieber in den Boden versunken, so schämte er sich. „Entschuldigen Sie, Herr Meister, i hab…“ – „Ja, Seppl, was ist dir denn da eingfalln. Hättest doch etwas gsagt, den Mantel hätt i dir doch geben! Bist du ein dummer Bua, s' nächste Mal sagst was!“ Seppl, erstaunt über die Güte des Herrn Stotz, der den Vorfall gleich vergessen zu haben schien, stand noch immer verdutzt vor ihm. „Ja, jetzt geh an die Arbeit, Seppl.“ Und damit war die Sache erledigt. „Ob du's glabst oder nit, i scham mit heut no, wenn i dran denk, wie i vor dem Moasta gstanden bin mit dem gliehenen Mantel“, meint der Sepp heute, 60 Jahre nach dieser Mantelgeschichte.

Düstere Jahre

Man schrieb das Jahr 1933. Ein trauriges Jahr in der Geschichte Österreichs, genau so traurig wie die Jahre danach. Österreich litt unter der Weltwirtschaftskrise. Die Österreichische Kreditanstalt war zusammengebrochen. Auch eine Völkerbundanleihe von 300 Millionen Schilling konnte das Kabinett Dollfuß nur wenige Wochen über die Regierungskrise hinwegretten. Durch den Rücktritt seiner drei Präsidenten hatte sich das Parlament selbst ausgeschaltet. Dollfuß steuerte einen autoritären Kurs. Der Staat wurde durch Notverordnungen regiert. Schutzbund und Kommunistische Partei waren bereits verboten. Zur gleichen Zeit hatte der Nationalsozialismus in Deutschland seinen Siegeszug angetreten und streckte nun die Fühler nach Österreich aus. Der Druck auf den Nachbarstaat wurde durch die Tausendmarksperre erhöht. Jeder deutsche Bürger, der seine Ferien in Österreich verbringen wollte, hatte 1000,– Mark zu bezahlen. Diese Sperre spürte vor allem Tirol, das schon damals vom Fremdenverkehr abhängig war. Ein Heer von – meistens jungen – Arbeitslosen war die traurige Folge. Eine furchtbare Zeit, von der uns Sepp bruchstückweise erzählt.

Im Kolpingheim

Der Schneidergeselle Sepp Reinalter war natürlich traurig, als es Abschied nehmen hieß von Meister Stotz und seinen Gesellen. Der Meister hatte ihn zu einem Abschiedsessen eingeladen und wünschte ihm viel Glück für die Zukunft, das hatte der Seppl auch wirklich nötig. Die Zukunft sah nicht rosig aus, weder für den Seppl noch für Tausende Jugendliche in unserem Land.

Bisher hatte Seppl bei Tante Rosa und beim uns schon bekannten Onkel Franz gewohnt. Als die Tochter der Tante schon früh verstarb, erhielt Seppl – natürlich gegen Bezahlung – ihr Kabinett. Später übersiedelte er zu Onkel Franz, bei dem er nun immer noch wohnte. Wie aber sollte es weitergehen? Vorerst war Seppl für ein paar Wochen versorgt. Durch Vermittlung des Herrn Stotz kam er beim Schneidermeister Pichler unter. Der Zufall wollte es, daß Meister Pichler Mitglied der Innsbrucker Kolpingfamilie war. Kolping, der Gründer dieser „Familien", war ein deutscher Priester, der in seinen Jugendjahren als Schustergeselle gearbeitet und die Not der Gesellen selbst erlebt hatte. Deshalb gründete er mit Unterstützung der Kirche und des Bürgertums in den Jahren um 1850 Kolpingvereine, später auch Kolpinghäuser, in denen die Gesellen gegen geringe Bezahlung Unterkunft – und auch Anschluß – finden sollten. Die Vereine nannte man auch Kolpingfamilien. Eine wohltätige Einrichtung. Meister Pichler war Mitglied des Kolpingvereines in Innsbruck und vermittelte dem Seppl die Unterkunft im Kolpingheim, das in der Dreiheiligenstraße stand. Als Seppl im Jahre 1933 in das Heim übersiedelte, war er bereits arbeitslos. Er hatte demnach Anspruch auf die „Arbeitslose" – so nannte man die Unterstützung durch den Staat. Das waren für die Dauer von 20 Wochen

S 20,– pro Monat. Das Kolpingheim kostete S 4,– pro Woche. Also blieben für die Verpflegung weitere S 4,– im Monat. Seppl aber ließ sich nicht unterkriegen. Er verlor weder seinen Humor noch seinen Optimismus. Vorerst einmal. Im Kolpingheim gab es immer Arbeiten, die man gegen ein Mittagessen oder geringes Entgelt übernehmen konnte. Seppl war da stets bei denen, die gerne überall mit anpackten, vom Kohlentragen bis zum Aufräumen. Außerdem gab es im Rahmen der Kolpingfamilie einige Vereine, die Mitglieder brauchten, so der Turnverein, der Gesangsverein, der Theaterverein. Seppl war weder ein guter Turner, wenn auch immer noch ein ausdauernder Läufer, noch ein großartiger Sänger und auch kein großer Darsteller. Für lustige Rollen, etwa für einen Dorftodel in bäuerlichen Komödien, war er immer zu haben. Soweit er sich erinnern kann, hat man auch herzlich gelacht über ihn. Warum Seppl bei all diesen Vereinen begeistertes Mitglied war? Weil es fast nach jeder Vorstellung, nach jeder Gesangsprobe und auch nach jeder Turnstunde entweder ein ganzes Abendessen oder aber eine gute Jause gab. Das hielt den jungen Mann über Wasser.

„Durchs Leben mogeln“ aber wollte sich Seppl nicht. Deshalb stand er einige Male in einer Woche schon um 5 Uhr früh vor der ausgehängten Tageszeitung in Innsbruck und studierte die freien Stellen. Und wenn da eine war, von der Seppl glaubte, er könnte sie „erwischen“, dann war er schon auf seinen schnellen Beinen. Da hatte er in den ersten Wochen tatsächlich Glück. Beim Lebensmittelhändler Praxmarer war eine Stelle als Honigverkäufer frei geworden. Der Seppl erhielt vom Chef einen Topf, gefüllt mit 10 kg Honig, dazu kleine Becher, in die er den Honig abzufüllen und dann zu verkaufen hatte. Von Tür zu Tür hatte er zu gehen wie ein Hausierer. Keine leichte Arbeit. Aber Seppl tat sie gerne. Die Sache hatte nur einen Haken, der ihn veranlaßte, das „Geschäft“ aufzugeben. Den 10-kg-Topf mußte er mit dem noch nicht abgefüllten Rest an Honig natürlich in seinem Zimmer im Kolpinghaus stehenlassen. Und jedes Mal, wenn Seppl seine Becher nachfüllen wollte, fehlte weitaus mehr an Honig aus dem Topf, als er es vor dem eher großzügigen neuen Chef verantworten konnte. Seppl kam also nie auf seine Rechnung. Er konnte nie so viele Becher verkaufen, wie ihm Herr Praxmarer vorgerechnet hatte. Eines Tages, als Seppl seinem Chef sagen mußte, daß ihm die Zimmerkollegen den Honig aus dem Topf stahlen, weil sie Hunger hatten, mußte Herr Praxmarer das Honiggeschäft mit Seppl beenden. „Er war a großzügiger Herr, der mir tatsächlich glabt hat." Ja, und so mußte Seppl also weiter fretten. Mit S 4,– Verpflegungsgeld pro Monat kein leichtes Unterfangen. Daß Seppl und die ebenfalls arbeitslosen Freunde im Kolpingheim wirklich Hunger hatten, beweist folgende kurze Geschichte.

Als Seppl einmal ins Lebensmittelgeschäft Mölk geschickt wurde, um einzukaufen, entdeckte er, daß der Wurster den letzten Zipfel der Wurst ganz einfach beiseite schob – und dann wahrscheinlich wegwarf. Das ging Seppl gegen den Strich. Und deshalb fragte er ganz einfach, ob es denn nicht die Möglichkeit gäbe, die „Wurstendeln" – natürlich gegen geringe Bezahlung – zu kaufen. Tatsächlich war der Metzger einverstanden. Jede Woche einmal konnte der Seppl kommen und die Wurstzipfel mitnehmen. Er war schon damals kein Egoist. Selbstverständlich waren die Zimmerkollegen zum „Festschmaus" eingeladen. Das Brot fehlte allerdings noch. Und da gab es wieder einen glücklichen Zufall. Bei den Jesuiten war der Kolpingbruder Poldl angestellt worden. Er gab die Suppe für die Armen aus und zur Suppe auch ein Stück Brot für jeden der Bettler. Oft einmal blieb Brot übrig und wurde hart, sodaß man es auch einem bettelnden Arbeitslosen nicht anbieten konnte. Das harte Brot konnte Poldl heim mitnehmen. Und dieses Brot war die Zugabe zu den Wurstzipfeln, die der Seppl besorgt hatte. Das „Festmahl" selbst verlief nach einem genauen Zeremoniell. Die vier Freunde machten zusammen einen Ausflug, auf die Hungerburg oder auf die Rumeralm, die Vintlalm, die Thaureralm, oft sogar bis zur Kaisersäule, die unter dem „Törl“ steht, über das man ins Halltal gelangt. Das sind immerhin gute drei Stunden vom Kolpinghaus weg. Kondition hatten sie, die arbeitslosen jungen Burschen. Droben folgten dann die Rast und das „Festmahl“. Die Burschen saßen in einem Kreis zusammen, Seppl leerte seinen Sack mit den Wurstzipfeln in die Mitte des Kreises – und dann wurde in langer, genauer Arbeit begonnen, die Wurstzipfelchen zu zerlegen. Mit Rasierklingen entfernte man die Schnüre, dann wurde jedes Stücklein Wurst fein säuberlich von der Haut getrennt und, ohne auch nur einen Bissen zu essen, auf ein Häuflein gelegt. Wenn dann alle Wurstzipfelchen ausgelöst waren, übernahm es der Seppl, das Häuflein echter Wurstreste genau zu teilen. Dazu gab es das harte Brot vom Kloster. „Dös hat uns besser gschmeckt als heut a Schnitzl“, sagt der Sepp.

Arbeitslos

Nicht nur für unser Land Österreich, auch für den Seppl wurden die Zeiten noch härter. Die 20 Wochen, in denen er die „Arbeitslose“ beziehen durfte, gingen vorüber. Von einem „Sozialstaat Österreich“ im heutigen Sinn war natürlich keine Rede. Trotzdem versuchte man, den Arbeitslosen zu helfen, so gut es ging. Nach den 20 Wochen erhielten sie für weitere 3 Monate, also für etwa 12 Wochen, die „grüne Karte“. Mit der grünen Karte erhielten deren Besitzer monatlich 10,– Schilling. Das war zum Leben zu wenig – zum Sterben zu viel. Auch für den Seppl begann jetzt erst so richtig eine sehr traurige und harte Zeit, an die er sich nicht gern erinnert, aus der er mir aber einige Episoden erzählte.

„Dr. Schuschnigg war ein Gentleman.“ Das ist jedenfalls die Meinung des Sepp. Kein Wunder, wenn wir hören, was der junge, nur mit der grünen Karte „ausgerüstete“ Seppl mit dem damaligen Unterrichtsminister in der Regierung Dollfuß erlebte. Es war ein trister Sommertag. Dr. Schuschnigg wohnte in der Nähe des Kolpingheimes, in dem der Seppl immer noch untergebracht war. Freilich war es nicht einfach, bei einem „Monatsbezug" von S 10,– die wöchentlichen Heimkosten von S 4,– aufzutreiben. Seppl tat es mit allen möglichen Gelegenheitsarbeiten, die ihm so unterkamen.

So gehörte auch das Koffertragen zu seinem „Geschäft". Als Dr. Schuschnigg mit seinem Koffer aus dem Haus kam, hatte ihn der Seppl schon erspäht. Er kannte den hohen Herrn, war er doch Nachbar des Kolpingheimes. Also nichts wie hin zum Minister. „Herr Minister, darf ich Ihnen den Koffer tragen?" war die Frage des Seppl. Herr Dr. Schuschnigg blieb stehen, betrachtete den jungen Mann und sagte dann kurz: „Bitte." Der große Herr reichte dem immer noch eher kleinen Seppl seinen Koffer und schritt dann seines Weges, der Seppl mit dem Koffer neben ihm her. „Was machst du eigentlich", wurde er dann gefragt, „hast du keine Arbeit, weil du Zeit hast, mir mitten am Tag den Koffer zu tragen?" Der Seppl wollte nun durchaus nicht, daß man ihn bemitleidete. Er erzählte dem Dr. Schuschnigg ganz einfach, wie es ihm erging. Schneidergeselle, dann arbeitslos, Gelegenheitsarbeiten, Bezug der Arbeitslose für 20 Wochen, jetzt die grüne Karte für drei Monate, Mietkosten im Kolpingheim von S 4,– wöchentlich, Monatsbezug auf Grund der grünen Karte von S 10,– , also Gelegenheitsarbeiten, wo es nur möglich war. Seppl machte auf den Herrn Unterrichtsminister keinen deprimierten Eindruck – so meint er jedenfalls heute, er erzählte ihm ganz einfach, wie das Leben so lief für einen Arbeitslosen. Dr. Schuschnigg selbst sprach fast kein Wort. Er kannte wohl die Not der Zeit, die noch schlimmer werden sollte. Vor dem Bahnhof blieb Dr. Schuschnigg stehen. „So, junger Mann, nun gib mir meinen Koffer wieder." Seppl reichte dem Herrn den Koffer – und wollte schon zum Gruß ansetzen, als Dr. Schuschnigg ihn zurückhielt und sagte: „Nein, nein, noch sind wir nicht fertig miteinander. Ein bißchen Geduld mußt du schon noch haben." Er nahm seine

Brieftasche aus dem schwarzen Sakko, entnahm der Brieftasche einen Schein und drückte ihn dem Seppl in die Hand. „Damit wirst du schon eine kurze Weile auskommen. Ich wünsch dir recht viel Glück – und ich hoffe, daß du bald Arbeit findest.“ Dann verabschiedete sich Dr. Schuschnigg kurz und ging mit seinem Koffer hinaus zum Bahnsteig. Seppl wagte nicht, in seine Hand zu schauen, die den Geldschein immer noch umfaßte. Jetzt aber wollte er doch … Nein, das war ja nicht möglich! Seppl hielt tatsächlich einen 50-Schilling-Schein in seiner Hand. S 50,–, das war ja ein kleines Vermögen. Seppl war außer sich vor Freude. War das ein feiner Herr! „Und was glabst, was i dann getan hab?“ erzählt der Sepp und lacht dabei über sein ganzes Gesicht. „I bin ins Kolpingheim, hab alle zsammgfangen, die umma waren, und bin mit ihnen fürstlich essen gangen. Tafelt habn mir wie die Grafen.“ Natürlich nicht gerade im teuersten Gasthaus, sondern beim Pfeifhofer, das war ein Speisehaus in der Altstadt, in dem man für billiges Geld gut essen konnte. Dann ist immer noch ein Rest geblieben, mit dem der Seppl die Miete für die nächsten Wochen bezahlen konnte. Kein Wunder also, daß der Sepp mit großer Hochachtung vom damaligen Unterrichtsminister und späteren Bundeskanzler Schuschnigg spricht.

Sturm über Österreich

Den älteren Lesern wird bekannt sein, daß die damaligen „Sturmscharen“ von Dr. Schuschnigg gegründet wurden. Sie waren eine regierungsfreundliche, paramilitärische Organisation, die für den Bestand Österreichs und der damaligen christlich-sozialen Regierung kämpfen sollte. Die paramilitärischen Organisationen – auch die Heimwehren auf christlich-sozialer Seite und der Schutzbund, der für sozialistische Ideale kämpfte – gingen nicht gerade zimperlich miteinander um. Es gab harte Kämpfe, Verletzte und Tote auf beiden Seiten. Österreich war in zwei, mit dem Aufkommen des Nationalsozialismus gleich in drei Lager gespalten.

Im Kolpingheim, in dem Seppl immer noch wohnte, wehte natürlich ein regierungsfreundlicher, christlich-sozialer Wind. Man schloß sich aber nicht den Heimwehren an, die besonders im Raum Innsbruck eine eher härtere Linie bevorzugten, sondern den Sturmscharen. So landete der Kolpingheimbewohner natürlich in den Reihen der Sturmscharen, ohne deshalb ein politisch denkender junger Mann zu sein. Dem Seppl ging es bei der Sturmschar nicht um deren Ideale, sondern um die Möglichkeit, einige Groschen verdienen zu können. Die Sturmscharen verfügten – wie auch die anderen Verbände – über eigene Zeitungen. Kleine, schnell gedruckte „Blattln", die durch Kolporteure an den Mann (oder an die Frau) gebracht wurden. Einer dieser Kolporteure war Seppl.

Es war gegen Ende des Jahres 1933, als die Nationalsozialisten in Österreich immer kecker wurden, weil sie ja in Deutschland bereits auf dem Siegespodest standen, und Österreich zu „vereinnahmen" drohten. Dagegen wehrten sich die Sturmscharen natürlich. Die Überschrift auf der ersten Seite der „Sonderausgabe" des Sturmscharblattes lautete „Sturm über Österreich". Der junge Kolporteur Seppl stand in der Maria-Theresien-Straße, vor dem breiten Tor jenes Hauses, in dem heute die Tyrolia untergebracht ist, und schrie, so laut er konnte: „Stuuurm über ÖÖÖsterreich, Stuuurm über ÖÖÖsterreich …" Ab und zu blieb einer der Passanten stehen und kaufte dem Seppl tatsächlich eine Zeitung ab. Das war immerhin ein Verdienst von ein paar Groschen. Es wurde nach verkauften Exemplaren abgerechnet – daher der ständig mahnende und sehr laute Schrei des Seppl, daß der „Stuuurm über ÖÖÖsterreich" bereits begonnen habe. Er war gerade mitten in seinem Aufruf, der von keinem der vorübergehenden Menschen überhört werden konnte, als plötzlich ein junger Bursch vor ihm stand, neben diesem ein zweiter mit dem gleichen grimmigen Gesicht, der erste funkelte Seppl an wie einen Todfeind und schrie ihn an: „Du Trottel, du saublöder." Zugleich riß er ihm alle Zeitungen aus der Hand und gab ihm eine derart kräftige Ohrfeige, daß es den Seppl bis weit in den offenen Hauseingang hineinwarf. „Und wenn mir di no amol derwischn, dann kriagst erst richtig Schläg, das'd es woaßt, du Rotzer!" Mit diesen Worten „verabschiedeten" sich die zwei jungen Nationalsozialisten. Der Seppl krabbelte vom Boden auf, wußte immer noch nicht recht, was ihm da geschehen war, klaubte seine Zeitungen zusammen, stellte sich wieder in Positur, holte tief Luft und schrie von neuem „Stuuurm über ÖÖÖsterreich". Ein paar Zeitungen verkaufte er noch am selben Tag, ohne daß ihm die beiden Burschen noch einmal einen Besuch abstatteten. Er gab übrigens sein Kolporteurgeschäft nicht auf. Auch in den nächsten Wochen stand Seppl mit den jeweiligen Neuerscheinungen vor dem Tyroliahaus. Allerdings war er nicht mehr allein. Man gab ihm zwei kräftige Burschen aus dem Kolpingheim mit – eine Leibwache.

Wenn man so will, könnte man sagen, daß diese Watschen vor dem Haus in der Maria-Theresien-Straße die erste politische Erfahrung im Leben des Seppl war. Ob die Watschen schuld daran war, daß er sich für Politik nie mehr so recht interessiert hat, weiß ich nicht. Fest steht, daß aus dem damaligen Kolporteur ein sehr christlich eingestellter und sozial denkender (und handelnder) Mensch geworden ist.

Ausg'steuert

Es schreibt sich so leicht, dieses Wort „ausgesteuert". Was es für einen jungen Menschen bedeutete, ausgesteuert zu sein, hat mir Sepp erzählt. Nach seiner Gesellenprüfung war er noch drei Monate beim Meister, dann erhielt er für 20 Wochen, also für etwa 5 Monate die Arbeitslosenunterstützung von S 20,– monatlich. Später wurden die Zeiten für Seppl noch härter. Es folgten die 3 Monate, für die er mit der „grünen Karte" auf die monatliche Unterstützung von S 10,– angewiesen war. Eine neuerliche „Arbeitslose" bekam man nur dann, wenn man eine Arbeitszeit von mindestens 20 Wochen nachweisen konnte. Das konnte Seppl natürlich nicht, weil es weit und breit kaum Arbeit gab. Nach Ablauf der „Grünen" begann für den Seppl die arge Zeit der völligen Arbeits- und Geldlosigkeit.

Seppl war während der 3 Monate, in der er die S 10,– durch die grüne Karte bezog, noch im Kolpingheim untergebracht. Es war ihm immer gelungen, den wöchentlichen Betrag von S 4,– für das Heim aufzutreiben. Sogar Dr. Schuschnigg hatte ihm ja einmal aus der Patsche geholfen. Nun aber war er ausgesteuert. Er stand für Tage – und Wochen – vor dem Nichts. Auch die wöchentlichen S 4,– für das Heim konnte er nicht bezahlen. Trotz der christlich-sozialen Einstellung, die das Kolpingheim stets bekundete, konnte das Heim ohne die sicher niedrigen Mietbeiträge nicht leben. Der Heimleiter setzte das dem Seppl auseinander – und Seppl mußte ausziehen …

Es war im Herbst des Jahres 1933. Seppl war schon tagelang herumgelaufen, hatte die Wandzeitungen gelesen, ob nicht irgendwo eine Stelle frei wäre. Nichts! Der Hunger plagte den jungen Burschen. Betteln mochte er nicht. Der Hunger aber besiegte den Stolz des Seppl. Deshalb stand er mit anderen jungen Männern vor dem Kapuzinerkloster, dann wieder vor dem Eingangstor der Jesuiten oder der Kreuzschwestern – und bat um eine Suppe. Die Klostersuppen, die in fast allen Klöstern in Innsbruck an die Armen ausgegeben wurden, retteten so manchen vor dem ärgsten Hunger. Auch den Seppl. „Mein Gott, war des eine Zeit", sagt der Sepp heute, „oft hab i mi gschamt, aber was willst denn tuan, wenn di der Hunger plagt."

Am schlimmsten waren wohl die ersten Tage, nachdem Seppl das Kolpingheim verlassen mußte: kein Geld, keine Wohnung, ein ärmliches Gewand, Schuhe mit großen Löchern in den verhatschten Sohlen – und vielleicht zum ersten Mal in jener Zeit, in der er zu einem Mann heranwuchs, war Seppl auch mut- und humorlos. War das eine Nacht, damals im Beselepark. Der Seppl hatte ja kein Zuhause, also wohin während der Nacht?

Es gab nur die eine Möglichkeit, die auch anderen Arbeitslosen als einzige blieb. Sie suchten sich am späten Abend eine Bank in einem Park, der nicht gerade mitten in der Stadt lag, und schliefen auf dieser Bank, wenn sie nicht schon von einem anderen Mittellosen „belegt" war. Diese Bank im Beselepark hat Sepp heute noch in guter Erinnerung. Neben der Bank stand damals ein sehr netter, gepflegter Brunnen. Als Seppl seine erste Nacht im Freien verbringen mußte, hatte er die Bank bereits um ca. 7 Uhr am Abend besetzt. Er, der Schneidergeselle, der sein ganzes bisheriges Leben so sehr auf Ordnung und Sauberkeit bedacht war, saß jetzt hier mit durchgetretenen Schuhen, mit Socken, die naß waren und übel rochen, mit einem zerschlissenen Rock und einer alten Hose. Wenigstens sauber wollte er sein. Deshalb zog er sich die Schuhe aus, streifte die alten Socken von den Füßen – und wusch sie im Brunnen, der neben der Bank stand. Wenn auch die Aussicht, daß die Socken – im Spätherbst – schnell trocknen würden, gering war, legte er sie trotzdem über die Banklehne und wusch auch seine Füße. Jetzt war er wenigstens sauber, und auch der üble Gestank war beseitigt. Es dauerte noch lang, bis es endlich etwa 9 Uhr wurde und der Seppl daran denken konnte, sich hinzulegen. Die Bank war zwar hart, aber er hatte das Gefühl, als wäre sie „sein" Schlafplatz, den ihm nun niemand mehr nehmen konnte. Voller Gedanken über die Zukunft schlief der Seppl trotz des eher kalten Herbstabends endlich ein …

Leider dauerte die Nachtruhe nur wenige Stunden. Da rüttelte ihn jemand an der Schulter. „He, junger Mann, das geht nicht! Auf der Bank, da kannst nit schlafen. Steh auf und verschwind!" Das war ein Wachmann, ein „Buz", wie man damals die Polizisten nannte. Streng, aber eher gutmütig. Er mußte seinen Dienst tun, sonst hätte ihn ein anderer getan. Der verstörte

Seppl erwiderte kein Wort, stand auf und schlich sich langsam weg von seiner Schlafbank. Der Polizist ging weiter und besorgte sein unangenehmes Geschäft auch bei den übrigen Bänken, die fast ausnahmslos von Arbeitslosen als Schlafstatt benutzt wurden. Er kümmerte sich aber weiter nicht darum, was die armen Teufel machten, nachdem sie von den Bänken aufgestanden waren. Sie versteckten sich hinter Bäumen und Büschen so lange, bis der Wachmann außer Sichtweite war, und legten sich dann wieder für den Rest der noch langen Nacht auf „ihre" Bänke. Daß der Wachmann kaum einmal zurückschaute auf die Bänke, die er freigemacht hatte, sprach wohl für ihn. Seine Pflicht hatte er erfüllt.

Dieses hoffnungslose Dasein endete gottlob schon nach wenigen Tagen. Seppl hatte aus der Wandzeitung erfahren, daß ein Schneidermeister Pichler – das Geschäft besteht heute noch! – aushilfsweise einen Gesellen suchte. Er war der erste, der sich meldete, und ein gütiger Herr nahm den Seppl nicht nur jeweils für ein paar Tage wöchentlich als Aushilfskraft auf, er gab dem ärmlich, ja verhungert aussehenden Seppl auch zu essen, lud ihn sogar zu sich nach Hause ein und stellte ihm obendrein ein kleines Kammerl zur Verfügung, in dem er schlafen konnte. „Irgendwie", sinniert der Sepp, „muaß i an Schutzengel ghabt habn. Immer, wenn's mir ganz dreckig gangen isch, hat's irgend jemanden gebn, der mir gholfen hat." Den Schneidermeister Pichler, diesen gütigen Herrn, hat der Seppl in dankbarer Erinnerung behalten. Leider dauerte das Hoch in Seppls Dasein nur kurze Zeit. Die Arbeit beim Meister Pichler ging zu Ende. Er mußte auf den Seppl verzichten, der sich nun auch um ein Zimmer umsehen mußte, das er in der Andreas-Hofer-Straße für hart zu erarbeitende S 25,– im Monat fand.

Aber weil es durch den gütigen Herrn wieder aufwärtsgegangen war, Seppl halbwegs gut angezogen und ebenso gut ernährt war, erwachte in ihm sein alter Optimismus. Nur nicht unterkriegen lassen! Es machte dem immer wieder arbeitslosen jungen

Mann nichts mehr aus, wenn er die Wärmestube in der Anichstraße besuchte oder sich stundenlang für das Schneeschaufeln anstellte. Die Wärmestube war eine Einrichtung des christlichen Gesellenvereins in Innsbruck und war dort untergebracht, wo sich heute das Leokino befindet. In der Wärmestube gab es für die Gesellen – aber auch für andere Arbeitslose – jeweils für eine Stunde nicht nur eine warme Stube mit Tischen und Bänken, sondern auch eine Tasse warmer Milch und ein Butterbrot. Das war eine Festmahlzeit, die sich Seppl nicht entgehen ließ.

Daß er jede Gelegenheit ausnützte, um zu einem Verdienst zu kommen, war selbstverständlich. Eine der sicher mühsamsten Arbeiten war das Schneeschaufeln. Der Herbst war ja schon lang vorbei, und der kalte Winter war ins Land gezogen, mit ihm auch der heute segensreiche, damals aber nur als Last empfundene Schnee. Die Schneeräumung der Stadt geschah im Jahre 1934 nicht mit Riesenpflügen, sondern per Hand mit Pickeln und Schaufeln. Arbeitskräfte waren mehr als genug vorhanden: die Arbeitslosen. Es war aber nicht so, daß man ohne weiteres diese sehr mühevolle Arbeit bekam. Das Schneeschaufeln begann um 5 Uhr früh. Wenn man mit der ersten „Partie" schaufeln wollte, mußte man sich anstellen. Es ist heute unvorstellbar, wenn uns Sepp erzählt, daß bereits um 10 Uhr am Abend die Arbeitslosen frierend und oft auch hungernd vor dem Bauhof standen, um am nächsten Morgen ja rechtzeitig dazusein, wenn die erste „Partie" von hundert oder zweihundert Mann mit der Abeit beginnen konnte. Es waren schon sehr, sehr harte Zeiten. Die Armen froren eine Nacht lang, um dann fünf Stunden arbeiten zu dürfen. Die wenigen Schillinge waren so begehrt und notwendig, daß man dafür jedes Opfer auf sich nahm. Auch der Seppl tat es, ohne zu murren oder zu jammern. „Es wird schon wieder aufwärtsgehen", dachte er. Nach den fünf Stunden kam dann die nächste Gruppe dran. Oft waren Männer darunter, die schon eine ganze Nacht lang gewartet hatten ...

Bürgerkrieg

„Die Ereignisse des Feber 1934 gehören zu den traurigsten und tragischsten der österreichischen Geschichte." Das schreibt Wolfgang Pfaundler im Tiroler Jungbürgerbuch (Innverlag, 1989). Was geschah damals in unserem Heimatland? Die Weltwirtschaftskrise und die inneren Unruhen im Land hatten eine Arbeitslosenrate zur Folge, die heute undenkbar wäre. Von 1,6 Millionen Arbeitnehmern waren 557.000 arbeitslos und davon 40 Prozent „ausgesteuert". Die autoritäre Regierung des damaligen Bundeskanzlers Dollfuß trug dazu bei, daß der Haß zwischen Sozialdemokraten und Christlich-Sozialen tödlich wurde. Als zu Jahresbeginn 1934 eine von der Regierung angeordnete Waffenkontrolle – einseitig nur beim Schutzbund – erfolgte, erhob sich dieser gegen die Ungerechtigkeit. Der Aufstand des Schutzbundes wurde von den Regierungstruppen brutal niedergeschlagen. Neun Schutzbundführer wurden zum Tode verurteilt, rund 300 Tote waren in diesen traurigen Tagen des Feber 1934 zu beklagen. Die Kluft zwischen „Rot" und „Schwarz" wurde unüberbrückbar. Kein Wunder, daß die immer stärker werdende nationalsozialistische Bewegung in Österreich leichtes Spiel hatte.

Auch Tirol, ganz besonders Innsbruck, blieb von den Unruhen nicht verschont. Die „Heimatwehrkompanie Hötting", als die berüchtigte „Penzplatte" bekannt geworden, trug durch ihr manchmal brutales Vorgehen kaum zur Befriedung des Landes bei, und die Nationalsozialisten nützten die Bürgerkriegswirren im Land. Bölleranschläge in Innsbruck erfolgten täglich, oft sogar stündlich. Im „Roten Adler", einem nationalsozialistischen Blatt, schreibt man am 5. Feber 1934 (Jungbürgerbuch, S. 165): „Wenn die Behörden erklären, daß für jeden geworfenen Böller vier Nationalsozialisten in ein Anhaltelager gesteckt werden, so hat das nur den einen Erfolg, daß das Donnern und Krachen der Detonationen noch häufiger geworden ist." In einem Flugblatt der Nationalsozialisten wird Dollfuß lächerlich gemacht, weil er

„im Auftrag des internationalen Judentums und aller Feinde des deutschen Volkes an einer seit 15 Jahren des Elends endgültig widerlegten Lebensfähigkeit eines selbständigen Österreich“ festhalte und sogar einen „sagenhaften, österreichischen Menschen“ entdeckt zu haben glaubte. (Jungbürgerbuch, S. 165).

Die bürgerkriegsartigen Zustände im Land wurden von den Nationalsozialisten genützt, Hitler hatte bereits den festen Plan, Österreich zu annektieren. Am 25. Juli 1934 wurde in Innsbruck der Polizeimajor Franz Hickl beim Betreten des Amtsgebäudes in der Herrengasse erschossen. Die Bevölkerung war empört. 20.000 Menschen begleiteten Major Hickl auf seinem letzten Weg. Nach dem Mörder, dem SS-Mann Wurnig, wurde ein paar Jahre später eine Straße benannt. Ebenfalls am 25. Juli ermordeten nationalsozialistische Putschisten Bundeskanzler Dollfuß in seinen Amtsräumen. Der Putschplan der Nazis, den sie mit Hitler abgesprochen hatten, wurde niedergeschlagen, der Innsbrucker Rechtsanwalt Dr. Kurt Schuschnigg zum neuen Bundeskanzler gewählt. Und noch im Mai 1935 erklärte Hitler im deutschen Reichstag: „Deutschland hat weder die Absicht noch den Willen, sich in innerösterreichische Angelegenheiten einzumischen, Österreich etwa zu annektieren oder anzuschließen.“ (Jungbürgerbuch, S.166).

In diesem Unglücksjahr 1934 war Seppl gerade 19 Jahre alt. Schneidergeselle, ausgesteuert, auf ständiger Suche nach Arbeit, wie Tausende anderer junger Männer Mitleidender an der Tragödie, in die unser Land schlitterte.

Ein gütiger Richter

Die Tage des 19 Jahre alten Seppl verliefen eintönig und öd: Suppe bei den Kapuzinern, am Nachmittag die Wärmestube, am späten Abend, sollte es geschneit haben, Anstellen zum Schneeschaufeln. Doch auch der Winter 1933/34 verging, zwar langsam und zäh, aber er verging. Seppl verlor weder Auftrieb noch Mut. Deshalb stand er auch schon um 5 Uhr früh, es war noch stockdunkel, vor der angeschlagenen Tageszeitung und las die Angebote für freie Stellen, die ja sehr rar waren. Da entdeckte er eine Aushilfsstelle als Schneider bei einem Meister in Kolsass. Von Innsbruck nach Kolsass sind es rund 17 km weit. Was tun, wenn das Geld für den Zug fehlt und auch kein Fahrrad zur Verfügung steht? Seppl war von seiner Lehrzeit her nicht nur Kummer, sondern auch Laufstrecken gewohnt. Und deshalb zögerte er nicht lange und machte sich – im wahrsten Sinne des Wortes – „auf die Socken". Seine Schuhe waren schon wieder durchgetreten. Es nützte auch nichts, daß er sich deshalb schämte. Geld für einen „Doppler" oder gar für neue Schuhe war ganz einfach nicht vorhanden. Seppl nahm den Dauerlauf nach Kolsass auf sich – und stand pünktlich um 8 Uhr vor dem Schneiderhaus in Kolsass, schwitzend und aufgeregt, ob sich der lange Lauf wohl gelohnt haben mochte. Er hatte sich gelohnt. Seppl erhielt beim Schneider in Kolsass für ein paar Wochen die ausgeschriebene Stelle. Für kurze Zeit war er also wieder versorgt. Er bekam einen kleinen Lohn, hatte ein kleines Zimmer für sich, hatte zu essen und konnte endlich wieder arbeiten. Erst jetzt, als er wieder die Nadel in seinen Händen hielt, erkannte er, daß das Schneiderhandwerk doch ein schönes Handwerk ist. Seppl arbeitete mit Begeisterung und zur Zufriedenheit seines Meisters. Hätte die Arbeit in Kolsass nur 20 Wochen angedauert! Dann wäre dem Seppl wieder das Recht auf die „Arbeitslose" zugestanden. So aber hieß es schon nach ein paar Wochen wieder Abschied nehmen vom geregelten Leben, von der geliebten Arbeit, vom netten Meister in Kolsass...

Seppl kehrte nach Innsbruck zurück, wo er immer noch sein Kammerl gemietet hatte. Seine Suche nach Arbeit begann von neuem. Wie viele Meister damals in der Kolpingfamilie in Innsbruck vereinigt waren, sah er erst jetzt. Auch ein Mann namens Caldonazzi war Kolpingbruder. Durch Zufall erfuhr Seppl von ihm. Natürlich fragte er Herrn Caldonazzi, ob er nicht Arbeit für ihn hätte. „Wenn du ausdauernd bist und radlfahrn kannst“, meinte Herr Caldonazzi, „dann hab i eine Arbeit für di.“ Seppl konnte radfahren und war auch ausdauernd. Das wußte er. Also nur her mit der Arbeit. Diese stellte sich allerdings als nicht sehr einfach heraus. Seppl erhielt ein Rad mit einem Gepäckträger, auf dem ein Korb befestigt war. Mit diesem Rad hatte er zur Kundschaft zu fahren, Scheren, Messer, kurzum alles, was man schleifen konnte und mußte, einzusammeln und dem Meister zum Schleifen zu bringen. Die geschliffenen Sachen mußte er dann wieder bei der Kundschaft abgeben – und für die Arbeit kassieren. Das klingt recht einfach, und es war auch einfach, solange die Kundschaft in Innsbruck und in naher Umgebung der Stadt wohnte. Das war aber leider nicht immer der Fall. Die Kundschaft war fast auf das ganze Land verteilt, und deshalb waren es oft sehr, sehr harte Tage, die der ausdauernde Seppl erlebte. Einen davon hat er mir eingehend geschildert.

Es war ein eher kalter Frühjahrstag, als Seppl schon am frühen Morgen seine lange Fahrt bis ins Außerfern antreten mußte. Nicht mit einem Rennrad, das mit 12 und mehr „Gängen“ gefahren werden konnte, sondern mit einem alten Tretesel, den der Seppl mit allergrößter Mühe gerade noch bis aufs Mieminger Plateau „hinauftreiben“ konnte. Dann aber kam noch der Holzleitensattel, über den er das Radl hinaufschieben mußte, endlich eine kurze und rassige Abfahrt hinunter nach Nassereith. Sofort aber stand wie eine kaum zu erklimmende Mauer dieser „verflixte“ Fernpaß vor dem schon recht müden jungen Mann. Auch er wurde „schiebenderweise“ erstiegen. Es läßt sich recht gut vorstellen, daß Seppl bei seiner Arbeit in Biberwier, in Ehrwald und in Lermoos nicht mehr der Frischeste war. Aber er ging von Haus zu Haus, sammelte seine Scheren und Messer ein und machte sich dann wieder auf den Weg nach Innsbruck. Die zu schleifenden Sachen wollte der Meister spätestens am Abend in der Werkstatt haben, in der Nacht wurden sie geschliffen – und am nächsten Morgen sollte die Kundschaft ihre Scheren und Messer wieder zurückbekommen. Seppl tat sein Möglichstes. Schon hundemüde, schob er sein Fahrrad mit dem gefüllten Korb wieder den Fernpaß hinauf, vorbei am Weißensee, am stillen und verträumten Blindsee, am glasklaren Fernsteinsee. Wie schön und erfrischend wäre es gewesen, da eine halbe Stunde lang zu schwimmen. Aber der Meister wartete, und es war bereits spät am Nachmittag. Also hieß es schieben, treten, schieben, treten ... Der Holzleitensattel mit seiner mörderisch steilen Straße war dann schon ein nur noch schwer überwindbares Hindernis, vom Sattel bis hinunter nach Telfs hatte schon damals die Straße eine gnädige, leichte Abwärtsneigung, dann aber hieß es wieder treten, treten, treten. Schon mehr als 14 Stunden war Seppl auf seinem mühsamen Weg. Er konnte nicht mehr. Beim „Öttl", dem heute noch bekannten Wirt im Oberland, verließen ihn die Kräfte. Er stellte sein Rad an die Hausmauer, ließ sich auf die Bank fallen und saß dort wie ein halb Toter. Eine ältere Frau, es muß wohl die Wirtin gewesen sein, kam aus dem Wirtshaus, sah den Burschen, wie er völlig erschöpft auf der Hausbank saß und den Kopf hängen ließ. „Ja, mei Bua, was tuast denn du da?" fragte sie den Seppl. „Müad bin i", war die Antwort. Und als die gute Frau von der Tagestour des Seppl erfuhr, sah sie wohl ein, daß die Müdigkeit des „Buabn" eine echte sein mußte. „Jetzt kimmst amol mit mir eini in die Stubn", sagte sie, nahm den Seppl kurzerhand mit sich und bot ihm einen schönen Platz in der alten Stube an. „Da setzt di jetzt her und wartest ein bißl." Keine zehn Minuten später kam die Wirtin wieder mit einem Riesenteller, auf dem ein frisch gemachtes, wunderbar riechendes Omelett lag, mit Marmelade gefüllt, eine Götterspeise. „So, Bua, und jetzt tuast amol essen." Seppl ließ sich das nicht zweimal sagen. Die freundliche und gütige Wirtin setzte sich neben ihn und ließ ihn dann erzählen, wie es ihm so ginge. Als Seppl, gestärkt und etwas froher, wieder auf sein Rad steigen wollte, nahm sie ihn ganz einfach bei der Hand. „Na, na, mei liaba Bua. So geht dös nit. Heut bist du viel z'müad. Du bleibst jetzt da in der Nacht und fahrst dann morgen hoam." Obwohl der Seppl noch am Abend seine zu schleifenden Messer und Scheren beim Meister abgeben hätte sollen, blieb er. Die überaus große Müdigkeit erleichterte ihm diesen Entschluß. Am nächsten Morgen stellte ihm die Öttlwirtin ein gutes Frühstück auf den Tisch und ließ ihn herzhaft zugreifen. „So, Bua, und jetzt fahrst wieder!" Seppl kam freilich viel zu spät mit seiner Ware. Der Meister schimpfte aber nicht. Er hatte befürchtet, daß dem Burschen etwas passiert sei, und war jetzt froh, daß dieser heil und munter vor ihm stand. Vielleicht erkannte er auch, daß man dem Burschen für die zwei oder drei Schillinge, die er mit seinen langen Fahrten verdienen konnte, doch recht viel abverlangte. Seppl erhielt als Lohn genau zehn Prozent der Auftragssumme.

Die Ausdauer des jungen Mannes wurde, wie wir sehen, immer wieder sehr strapaziert. Später einmal sollte ihm das zugute kommen. Der Sommer zog ins Land, die Scheren und Messer der nahen und weiteren Umgebung waren geschliffen – und Seppl war wieder arbeitslos.

Dieses Mal allerdings nicht lange. Das Blindenheim suchte einen jungen Mann, der Bausteine verkaufte. Der Erlös durch den Verkauf der Bausteine sollte mithelfen, das Blindenheim auszubauen. Seppl erfuhr von dieser Möglichkeit, sich wieder ein paar Schillinge zu verdienen, und stellte sich der zuständigen Schwester vor. Er erhielt die Stelle. Die Arbeit sollte so verlaufen: Die Bausteine mußten in Osttirol verkauft werden. Die Fahrt mit dem Zug nach Lienz wurde vom Blindenheim bezahlt. Die Rückfahrt nach Innsbruck hätte aus dem Erlös durch den Verkauf der Bausteine bezahlt werden sollen. Von diesem Erlös hätten dem Seppl zehn Prozent gebührt. Das Geschäft gefiel dem Seppl. Auf den Mund war er ja nie gefallen gewesen, also schien die Angelegenheit glatt zu gehen. Seppl unterschätzte aber die Not der Zeit. Osttirol – so meint der Sepp heute – war noch ärmer als Nordtirol. „In vielen Häusern bei den Bauern hat's nit amol an

Zucker gebn, und vielen hat sogar das Mehl gfahlt." Und da soll man dann Bausteine verkaufen. Das Geschäft lief also nicht. Nur wenige der Bausteine konnte der Seppl an den Mann bringen. Das hatte natürlich zur Folge, daß auch die zehn Prozent des Umsatzes nicht reichten, um wieder heimfahren zu können. Was also tun? Der Seppl mußte, ob er nun wollte oder nicht, das bißchen Geld „angreifen", das er für die Bausteine „hereinbekommen" hatte. Sonst hätte er ja nicht einmal mehr heimfahren können. Seppl kam also in Innsbruck an und hatte mehr verbraucht vom Geld, als ihm zugestanden war. Er wollte nun in Innsbruck von Haus zu Haus gehen, bitten und Bausteine verkaufen. Die Leute in Innsbruck waren aber auch nicht mit Reichtümern gesegnet. Seppl brachte die Bausteine nicht los, obwohl er sich so bemühte und sich „die Seele aus dem Leib" redete. Das Blindeninstitut wartete aber bereits auf den Josef Reinalter und den Erlös aus dem Verkauf der Bausteine. Und nun kam Seppl – wohl das einzige Mal in seinem Leben – in eine recht unangenehme, rechtlich nicht ganz saubere Lage. Er hatte schließlich Geld verbraucht, das ihm nicht gehörte, Geld des Blindeninstitutes. Daß sich nun die zuständige Schwester und das Institut wehrten, war verständlich. Weil man die Adresse des Josef Reinalter nicht kannte, dieser aber mit seiner Bausteinabrechnung schon lange überfällig war, ließ man den jungen Mann ausforschen – und wohl „wegen Betruges" – verhaften. Um 6 Uhr früh holte man den Seppl, der immer noch täglich bemüht war, seine Bausteine an den Mann zu bringen, um auf jene zehn Prozent zu kommen, die er schon lange verbraucht hatte, aus dem Bett. „Stell dir vor, de habn mi glatt verhaftet." Es waren beschämende Tage, die der Seppl erleben mußte, gerade in jenem Sommer, in dem es in Österreich drunter und drüber ging. Es folgte eine Gerichtsverhandlung. Der Seppl sagte dem Richter genau das, was vorgefallen war, daß er eben nicht genug Geld zum Heimfahren hatte und deshalb das Geld für die Bausteine angreifen hatte müssen und daß er sich immer noch bemühe, die restlichen Bausteine zu verkaufen. „I kann dir sagn, dös war ein nobler Herr, der Richter. Der hat mi anghört, hat immer wieder gnickt, und dann hat er mi freigsprochen. Nit amol eine bedingte Straf hab i kriagt." Auch die Schwester des Blindeninstitutes sah ein, daß Seppl nicht betrügerisch, sondern in bitterer Not gehandelt hatte. „Aber es war mir eine Lehr", sagt der Sepp nachdenklich, „seit damals geh i sehr vorsichtig um mit'n Geld."

Der Frauenheld

Der Herbst 1934 verlief für den Seppl schon etwas angenehmer als die Jahre vorher. Er hatte das Glück, öfter als Schneider arbeiten zu können, und mußte sich nicht mehr zum Schneeschaufeln anstellen. Die Stellen bei den Meistern waren nie für längere Zeit ausgeschrieben. Durchschnittlich ein paar Wochen aber war der Seppl untergebracht. „Mein Gott, i war ein richtiger Wanderschneider." In Hötting ein paar Wochen, in Wattens, in Steinach … So traurig die Zeiten immer noch waren, hat heute der Seppl den Eindruck, daß damals in Steinach das Leben ein bißchen fröhlicher zu werden begann. Er war bei einem Schneider untergebracht, der einen Gesellen brauchte, weil er auf die „Stör" ging. Der Meister ging also – mitsamt seinem Werkzeug – von Hof zu Hof, erhielt für sich und den Gesellen Kost und Unterkunft, schneiderte um einen eher geringen Lohn für den Bedarf des Bauern und manchmal auch für den der Bäuerin. Der Seppl kannte diese Stör aus seiner Lehrzeit. Auch damals hatte er den Meister und die Gesellen begleitet, wenn sie von Hof zu Hof zogen. Die Stör hatte er übrigens in guter Erinnerung. Der Meister konnte vor den Bäuerinnen, die meistens im Haus waren, nicht schimpfen, das Essen war ausgezeichnet, und obendrein wurde damals der stets fröhliche Seppl von den Frauen des Hauses, die den kleinen Buben gern hatten, verwöhnt. Wenn er das Bügeleisen in der Küche aufwärmte, dauerte es dann oft länger, bis er mit dem heißen Eisen wieder erschien, weil er draußen in der Küche – schnell zwischendurch – einen Krapfen, ein Stück Kuchen oder ein Butterbrot kredenzt bekommen hatte. So freute sich der nun schon zu einem jungen Mann herangereifte Schneidergeselle Seppl auch in Steinach auf die Stör. Es ging nach Trins hinauf. Das ist ein schöner Bergort im romantischen Gschnitztal. Der Hof eines begüterten Bauern stand am Südhang, am oberen Rand eines herrlichen und gepflegten Besitzes. Der Bauer wußte auch, wer er war, und die Bäuerin trug am Sonntag ihr Dirndl und die silberne „Kropfkette" recht stolz hinunter in die Kirche. Die beiden hatten auch eine Tochter. Sepp meint heute, daß sie nicht gerade ausnehmend hübsch, aber doch sehr reizvoll war, „a sexiges Madl" also. Und wenn man Bilder vom jungen Seppl sieht, muß man zugeben, daß auch er ein durchaus passabler Bursche war. Obwohl schon über 19 Jahre alt, hatte er aber keinerlei Erfahrung mit den Mädchen. Die Tochter des Bauern machte dem Schneidergesellen schöne Augen. Er gefiel ihr, vielleicht auch deswegen, weil er aus der Stadt kam und eben anders war als die Bauernburschen in der Umgebung. Seppl freute sich darüber, daß ihn das Mädchen einlud, nach der Arbeit gemeinsam einen Spaziergang zu machen. Das geschah vorerst einmal, dann ein zweites Mal – und wurde schön langsam zur Gewohnheit. Seppl benahm sich dem Mädchen gegenüber sehr korrekt, für heutige Begriffe wahrscheinlich zu korrekt. Händchenhalten war schon alles, was er wagte. Ein „Bußl" lag weit außerhalb der Grenzen, die ihm durch seine Schüchternheit den Mädchen gegenüber gesetzt waren. Das Mädchen gefiel ihm, aber richtig verliebt in sie war er eigentlich nicht. Das wiederum wußten die Burschen nicht, die schon lange um die knallige und gar nicht arme Bauerntochter geworben hatten. Wie es am Lande so ist – oder war –, schien der „Stadtlinger" in einem fremden Gehege zu jagen. Das mußte ihm abgestellt werden. Als der Seppl eines Abends wieder mit dem gutgewachsenen Bauernmädchen Hand in Hand daherspazierte und von allem sprach, nur nicht von jenen Dingen, die das Mädchen gern gehört hätte, kamen ihm plötzlich ein paar Bauernburschen entgegen. „Grimmig habn sie dreingschaut, sag i dir.“ Sie stellten sich vor dem Seppl auf wie eine Straßensperre, einer sagte: „So, du lausiges Mannl, jetzt wird abgrechnet. Hol du dir deine Weiber aus der Stadt.“ Was jetzt folgen hätte sollen, können wir uns vorstellen. „Laf, Seppl, laf!“ schrie die Bauerstochter. So schnell konnten die Burschen gar nicht schauen, wie der Seppl auf und davon lief, den steilen Wiesenhang hinunter, fast bis zum Bach. Die Burschen versuchten, ihm zu folgen, gaben aber bald auf, weil sie sahen, daß der Schneidergeselle aus der Stadt doch der schnellere war. „Sagst grad, was i tuan hätt solln. De hättn mi ja herghaut, daß i in koan Schuach mehr einipaßt hätt“, sagt der Sepp heute. Dabei lacht er aus vollem Herzen. „Aber a knalligs Madl wars schon gwesen“, meint er dann, „aber i war ja a richtiger Depp, was die Madln betrifft. I hab ja koa Ahnung ghabt. Und so richtig traut hätt i mi a nimmer.“ Damit war die erste Romanze im Leben des Seppl abgeschlossen, bevor sie so richtig begonnen hatte. Die Stör in Trins war dann bald zu Ende, die Bauernburschen ließen den „Stadtlinger“ in Frieden.

Im Winter 1934/35 hatte Seppl Glück. Er erhielt eine Stelle in St.Anton beim Schneidermeister Ebster. St. Anton am Arlberg war damals schon der „Skinabel der Welt“. Seppl schnupperte in die noble Welt hinein. Die braungebrannten Skifahrer imponierten ihm genauso wie die hübschen Damen und Mädchen in ihren flotten Skianzügen. Er arbeitete fünf Wochen lang in St. Anton, schlief bei einem Bauern und konnte sogar, weil er, wenn es sein mußte, ein bescheidener Esser war, ein bißchen sparen. Daß er vom Skigeschäft und der Schneiderei ums Skigeschäft ein Leben lang so fasziniert war, daran, so meint der Sepp, sind sicher St. Anton und Kitzbühel schuld.

In Kitzbühel erhielt er im Frühjahr darauf gleich zwei Stellen hintereinander. Zuerst war er beim Ganzer. Dort lernte er, wie man elegante Skihosen macht. Seppl war damals sehr stolz, als er die Hose für den Prinzen of Wales zuschneiden und auch nähen durfte. Das Hosenmachen schien dem Schneidergesellen aus Innsbruck zu liegen. Seppl durfte die Hose sogar liefern. „Da wirst aber ein schönes Trinkgeld bekommen haben?" frage ich. Der Seppl lacht. „Ja, was denkst dir denn, de habn di ja gar nit aufilassen in sein Zimmer. De Hosn hast müssn abgebn beim Portier – und die Sach war erledigt. Von an Trinkgeld koa Spur." Auch beim Schneidermeister Miedler war der Seppl für ein paar Wochen. Wenn er auch kaum einmal in eines der vielen Lokale „hineinschaute", so tat ihm doch die „sportliche" Luft in Kitzbühel gut. Mit Sport wollte er auch später zu tun haben. Das hat sich der Seppl damals in Kitzbühel vorgenommen.

Kitzbühel, diese herrliche, kleine Sportstadt mit den gemütlichen Leuten, in der sich die „Schicki-Micki-Gesellschaft" wohler fühlt als in jedem anderen Wintersportort, hat Seppl überhaupt in guter Erinnerung behalten. In Kitzbühel ist er „gemustert" worden. Seppl war bereits im 20. Lebensjahr. Mit 21 mußte man zum österreichischen Militär, ein Jahr vorher wurde man „gemustert", also untersucht, ob man auch tauglich war. Nun war es damals noch ein Grund zur Freude, als „tauglich" eingestuft zu werden. Man war stolz, ein gesunder, junger Mann zu sein, und die jungen Burschen zogen nach der Musterung mit geschmückten Hüten durch die Stadt, sangen, freuten sich, tranken auch oft etwas über den Durst. Mit ihnen zog der Seppl. Noch ein knappes Jahr lang würde er schon durchhalten, als Aushilfe von Schneider zu Schneider ziehen. Dann aber freute er sich schon jetzt auf eine völlig sorglose Zeit beim Militär. „Woaßt, was dös für uns damals bedeutet hat, koa Gwand, koa Sorg ums Essen, immer ein gutes Bett ... i war damals gern beim Militär. Mein Gott, habn mir da glacht", sagt der Sepp.

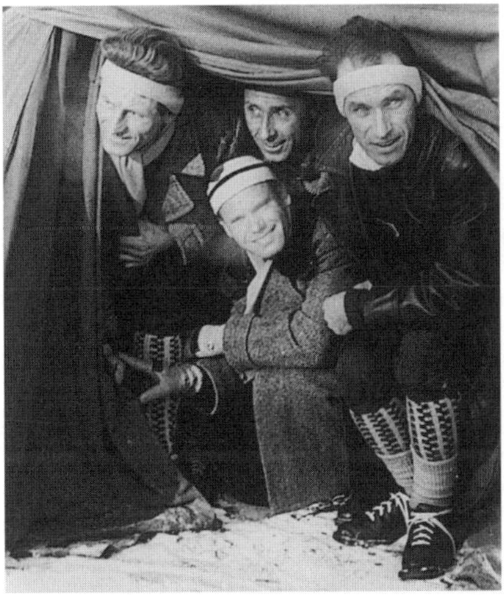

Die legendäre österreichische Langlaufstaffel in Knickerbockern von Reinalter bei den Olymp. Spiele Oslo 1952. V. l.: Schneeberger, Dr. Schulz, Raffreider und Krischan.

WM Falun 1954: die Springer Plank, Bradl (†), Steinegger (in einer Keilhose von Reinalter) und Kerber.

Springermannschaft in Grenoble (Olymp. Spiele 1968) – bereits in schnittigen Keilhosen von „R".-V. l.: Schuster, Lichtenegger, Bachler, Golser, Bradl (†), Schwabl, Preiml (Bronze).

Reinhold Bachler in vorbildlichem Stil (Olymp. Spiele Grenoble 1968: Silber).

Die nordische Mannschaft im Reinalterdreß: Hinten v. l.: Pühringer, Wallner, Zwitter, Schwabl, Bachler, Kassl, Wechselberger, Bradl (†), Hauswicka (†), Dr. Baumgartl, Köstinger, Janc. Vorne v. l.: Scherübl, Farbmacher, Kröll, Sailer Walter, Vogl, Golser, Prof. Prokes, Lichtenegger.

Im neuen Anzug „flog" er allen davon: Tourneesieger 1974/75 Willi Pürstl.

Der stille Denker und Supertrainer Prof. Baldur Preiml.

Auch ein „Springervater": Puzzi Pepeunig, ein Leben lang begeisterter, hochrangiger Sprungfunktionär.

Das „M" auf dem Sprunganzug heißt „MUT" – die „Adler": V. l.: Wanner, Bachler, Innauer, Pürstl, Wallner, Gürtler, Lippurger, Schnabl.
Foto: Frischauf

Karl Schnabl (Olymp. Spiele Innsbruck 1976: Gold) – heute als Arzt tätig. Foto: Frischauf

Wunderknabe Toni Innauer (Olymp. Spiele Lake Placid 1980: Gold). Foto: Brandstätter

Ein Freudentag auf dem Bergisel (Olymp. Spiele 1976). Gold für Schnabl, Silber für Innauer, zwischen beiden „Springervater" Sepp. *Foto: Frischauf*

Armin Kogler und Hubi Neupper mit ihrem damaligen Trainer Prof. Paul Ganzenhuber. Beide Springer sind dem Fliegen treu geblieben und heute Flugkapitäne!

Toni Innauer entwickelte sich vom Superspringer zum Supertrainer. Er lehrte die Adler wieder das „Fliegen". Seine Musterschüler... *Foto: Sündhofer*

...Andreas Felder, Weltmeister im Mannschaftsspringen und Skiflugweltmeister, und Ernst Vettori, Weltmeister und Olympiasieger, beide noch in „R"-Anzügen. Foto: Spiess

Weltmeister Sepp Bradl in heißer Diskussion mit dem Seppl. *Foto: Frischauf*

4. *Beim österreichischen Militär*

Kameradschaftsdiebstahl?

Am 1. Oktober 1936 wurde Josef Reinalter zum österreichischen Militär einberufen. Sein zukünftiges Heim – für ein gutes Jahr – war die Kaserne in Hall, sein Regiment das „Landesschützenregiment Dollfuß" und sein Chef ein Herr Leutnant Graf Thurn von Hohenfels. („Von" oder „zu", das weiß der Sepp nicht mehr so genau.) Die Grundausbildung dauerte drei Monate lang und machte dem jungen Rekruten Reinalter keinerlei Schwierigkeiten. Laufen konnte er, das „Auf" und „Nieder" war für ihn eine beinahe wohltuende Abwechslung – es muß auch gesagt werden, daß die „Schleiferei" der Rekruten während der Grundausbildung nicht so schlimm war, und beim Schießen führte die ruhige Schneiderhand das Gewehr, und ein scharfes Auge, das schon Tausende von Stichen kontrolliert hatte, sorgte dafür, daß die Schüsse des Rekruten Reinalter meistens ins Ziel trafen. „Sie habn di schon herlassn", sagt der Sepp, „aber es war decht a Hetz. Mußt dir vorstellen, plötzlich koa Sorg mehr ums Essen, ums Zimmer, um a Stell. Da hast kennen fröhlich in den Tag einilebn. Und die Offiziere warn ja ganz kommode Burschen!" Das sollte sich gleich ein paar Wochen nach der Grundausbildung herausstellen.

Nachdem sie nun alle zu ausgebildeten Rekruten gedrillt worden waren, wurden die jungen Männer nach ihren Berufen für die weiteren Aufgaben ausgewählt. Seppl kam selbstverständlich in die Schneiderwerkstatt, mit ihm ein netter Tiroler namens Heisseler, über den Seppl herzlich lachen konnte, weil er, wenn er aufgeregt war, ein bißchen stotterte. Neben dem Seppl schlief im großen Schlafsaal der Kaserne ein Bauernsohn, dessen Name nicht so wichtig ist. Er war ein wohlgenährter, geiziger und für den Seppl auch unsympathischer Kerl. Schon deshalb, weil sein

Spind – das ist der schmale Militärkasten – stets voll mit Speck, Brot, Butter und Käse war und weil er nie einen Kameraden einlud, wenn er schmatzend auf seinem Bett saß und den Speck in sich hineinfraß. Wer den echten Speckduft kennt, weiß, daß er sehr, sehr appetitanregend sein kann …

Der „Kamerad" war nach Hause gefahren, um Nachschub für seinen Kasten zu holen. Dabei war sein Spind noch gefüllt mit einem Riesenstück Speck, gutem Brot, Käse und Butter. Heisseler und Seppl wußten das. Ein Spind durfte ja nicht abgesperrt werden. „Weißt was", kam da der Seppl auf die Idee, „dem fressn mir den Speck jetzt auf!" Gesagt, getan. Seppl, Heisseler und noch ein paar „eingeladene" Rekruten saßen in einer Arbeitspause zusammen und aßen dem unsympathischen und geizigen Zeitgenossen seine Vorräte „mit Putz und Stingel" auf. Während der gottvollen Jause amüsierten sie sich über den geizigen Bauernsohn, der staunen werde über den leer gewordenen Spind. Und weil sie schon übermütig wurden durch die gute Jause, kam der Heisseler auf die Idee, dem „Kameraden" die übriggebliebene Speckschwarte auf den Spind zu nageln. „Ddduu, de nnnagl mir aaauffi", sagte er, und der Seppl lachte herzlich.

Daß der „Speckrekrut" nicht erfreut war über den leergegessenen Spind, ist klar. Daß er aber dann gleich zum Leutnant lief und die Rekruten, vor allem den Heisseler und den Reinalter, wegen Kameradschaftsdiebstahl anzeigte, glich ihm. Also zum Rapport. Die Rekruten Reinalter und Heisseler hatten sich beim Leutnant zu melden: „Ja, was ist denn mit die Schneider los?" empfing der Herr Leutnant den Seppl und den Heisseler. „Ich hab ghört, ihr habt's da einem Kameraden seinen Speck weggessen." – „Jawohl, Herr Leutnant." Der junge Leutnant, ein charmanter Wiener, den beiden wohlgesinnt, fragte weiter: „Ja, sagt's einmal, das ist ja ein glatter Kameradschaftsdiebstahl. So was tut man ja nicht, oder?" – „Nein, Herr Leutnant", der Seppl, „aber mir habn halt an Hunger ghabt. Und außerdem ist der … so ein Schuft. Der laßt den Speck liaber ranzig werdn, bevor er uns a

Stückl gibt." – „Ja sagt's einmal, habt ihr tatsächlich einen Hunger hier in der Kaserne?" war der Leutnant ein bißchen verwundert. „Ja mei, Herr Leutnant, mir sein halt jung und habn fast immer an Hunger", rechtfertigte sich Seppl. „Und was ist da mit deinem Kumpan?" Der Heisseler war gemeint. Aufgeregt antwortete er. „Iiii hhhab a an Hhhhunga kkhabt!" Dem Seppl schien es fast so, als müßte sich der Leutnant das Lachen verbeißen. „Also Burschen, das dürft's mir da nicht mehr machen. Das geht ja wirklich nicht! Jetzt bleibt's einmal am Sonntag in der Kasern!" Damit war die Sache mit dem Kameradschaftsdiebstahl erledigt. Dem Seppl machte der Hausarrest für den Sonntag nur wenig aus. Er war während der Wochenenden ohnehin „im Haus", weil er mit den Ausbesserungsarbeiten für seine Kameraden, aber auch für die Herren Offiziere kaum nachkam.

Der „gestohlene" Fisch

Die Schneiderei der Kaserne lag direkt über der Küche. Deshalb wußte Seppl täglich bereits in den frühen Morgenstunden, was zu Mittag auf dem Speiseplan stehen würde. Es roch nach Fisch. Aber nicht nach einem Fischauflauf, wie man annehmen möchte, sondern nach frisch gebratenem, appetitlichem Fisch, wie ihn der Seppl immer schon gern gegessen hatte, besser gesagt: gegessen hätte.

Deshalb war der Gedanke naheliegend, schnell einmal zu schauen, daß man in die Küche hinunterkam, wo der Koch sein Regiment führte. Der Koch war „Stammkundschaft" beim Seppl in der Schneiderei, und weil eine Hand die andere wäscht, war der „Schlachtplan" des Seppl, wie er möglichst rasch zu einem gebratenen Fisch kommen würde, bald einmal entworfen. Der Koch hatte ja noch eine Hose bei ihm liegen, die gebügelt werden sollte. Also bügelte der Seppl schnell die Kochhose, legte sie über seinen Arm und stolzierte hinunter in die Küche – sonst ein

Refugium, das für einen gewöhnlichen Soldaten absolutes Sperrgebiet war. Der Seppl aber war kein gewöhnlicher Soldat, er war der Schneider.

„Aha, du bist's", begrüßte der Koch den Schneider. „Da schau, i hab dir dei Hosn mitbracht", der Seppl. „Ah, die hast aber schön bügelt." – „Gell, ein Meisterwerk", der scheinheilige Seppl drauf, und so beiläufig sagte er noch: „Teufl, heut riecht's aber guat in deiner Kuchl. Was machst denn da?" Der Koch, übrigens ein netter Kerl, der sich mit dem Seppl angefreundet hatte, grinste und sagte: „Ja Seppl, dös riechst ja, dös sein herrliche Bratfisch für die Offizierskantine. Aber brauchst koa Angst habn, ihr kriegt's schon a an Fisch zu Mittag." – „Mmm, da freu i mi aber", wieder der Seppl. Nun aber schien der Koch schon verstanden zu haben, was den Seppl so mitten am Vormittag hinuntertrieb in die Küche. „Ja Seppl, magst vielleicht scho jetzt oan?" Endlich, der Koch hatte kapiert, worum es ging. Er nahm einen der appetitlichen, herrlich duftenden Fische aus der „Offizierspfanne", ganz vorsichtig, mit der Schwanzflosse nach oben, und reichte dem Seppl den Fisch. „Da, guatn Appetit!" Der Seppl strahlte.

Gerade in jenem Moment aber, als Seppl den noch heißen Fisch übernommen hatte und liebevoll betrachtete, ging die Tür zur Küche auf, und der Herr Oberstleutnant trat energisch in die Kasernenküche. „Aaachtung!" schrie der Koch. Alle standen stramm. Der Seppl, in seiner Verzweiflung, weil er nicht wußte, wohin mit dem heißen Fisch, steckte den gerade erworbenen Schatz ganz einfach von oben unter die Drillichjacke. Irgend etwas schien dem Oberstleutnant, der sich um das Wohl der Soldaten zu kümmern hatte, nicht ganz geheuer. Als wüßte er, daß da mit dem Schneider in der Küche etwas nicht in Ordnung war, trat er auf den Seppl zu. „Wasch machen Sie hier in der Küche?" Der Oberstleutnant hatte einen leichten Sprachfehler, vielleicht war es auch nur Nachlässigkeit. Er sprach oft die „s" am Schluß eines Wortes als „sch" aus. Die Soldaten wußten das und wagten natürlich nicht zu lachen. „Melde gehorsamst, Herr Oberstleutnant, ich hab dem Koch die gebügelte Hose gebracht!" – „Aha." Während der Seppl seine tadellos formulierte Meldung vorbrachte, kämpfte er furchtbar mit den Schmerzen, die ihm der heiße Fisch unter der Jacke verursachte. Instinktiv zog er seinen teuflisch brennenden Bauch ein, so gut es ging. Der Fisch suchte auch gebraten seine Freiheit und rutschte dem Seppl durch das Bein der Drillichhose auf den Boden. Platsch! Der Herr Oberstleutnant sah das – und staunte. „Und wasch ist dasch?" fragte er den Seppl erstaunt. „Ein Fisch, Herr Oberstleutnant." – „Ja, dasch sehe ich! Aber wie kommen Sie zu diesem Fisch?" Die Frage des Herrn Oberstleutnants klang jetzt schon ein bißchen energischer. Er ärgerte sich. „Melde gehorsamst, Herr Oberstleutnant, ich hab dem Herrn Koch die gebügelte Hose gebracht, und er hat mir dafür einen Fisch gegeben." – „Ja, dasch geht ja nicht! Dasch darf er ja gar nicht. Und Sie dürfen ihn nicht annehmen. Dasch ist ja Kameradschaftsdiebstahl. Dasch haben Sie ja ihren Kameraden gestohlen. Verstehen Sie dasch nicht?" Ganz verstand es der Seppl natürlich nicht, aber er funktionierte bereits gut als Militarist. „Jawoll, Herr Oberstleutnant." Der sonst eher gütige Oberstleutnant war doch verärgert. Wo käme man da hin, wenn jeder, der in die Küche kam, einen Fisch wegaß. Weiters wollte er aber mit der Sache nichts zu tun haben. Daher erledigte er sie auf seine Art. „Sie melden sich bei Ihrem Leutnant zum Rapport, verstanden?" – „Jawoll, Herr Oberstleutnant." Der Seppl war schon ein bißchen traurig, daß aus seiner Fischmahlzeit nichts geworden war. Die Schmerzen auf seiner Brust – und auch in der Gegend unter der Brust – ließen ihn für ein paar Stunden wohl die Mahlzeit, nicht aber den heißen Fisch vergessen.

Gleich am Nachmittag meldete sich der Seppl zum Rapport. Der Leutnant kannte ja seine „Kundschaft" bereits. Der Empfang war – wie immer beim Leutnant – eher gemütlich. Stramm stand der Seppl vor ihm. „Soldat Josef Reinalter meldet sich gehorsamst zum Rapport, Herr Leutnant." Der Herr Leutnant war schon informiert. Sie hatten sich ja bereits königlich unterhalten in der Offizierskantine. Trotzdem empfing er den Seppl mit den Worten. „Ja, was macht denn scho wieder unser Schneider da? Was hast denn jetzt schon wieder verbrochen, Reinalter?" Schon etwas zerknirscht erzählte der Seppl seinem Leunant nun das vormittägliche Geschehen mit dem Fisch. Freilich mußte der Herr Leutnant dabei das Grinsen zurückhalten. Aber Strafe mußte sein. „Ja, was machen wir denn da mit dir Unglücksraben. Weißt, das geht ja wirklich nicht, daß da ein jeder die Fisch wegißt. Das ist ja tatsächlich fast ein Diebstahl."

Nun glaubte der Seppl immer noch nicht, daß das wirklich ein Diebstahl sein sollte. Er hatte den Fisch ja geschenkt bekommen, und außerdem: „Ja, Herr Leutnant", sagte der Seppl in seiner Verzweiflung, vergaß dabei seine Habtachtstellung und knöpfte schnell seinen Drillich auf. „Ja, Schneider, was machst denn?" Seppl zeigte jetzt dem Herrn Leutnant seine entblößte, aber total verbrannte und sehr, sehr schmerzende Brust. „Da schaun S', Herr Leutnant, bin i nit schon gstraft gnuag?" Tatsächlich war der Leutnant erstaunt über die Brandwunde, die der Seppl ihm da zeigte. Weil er ein gütiger, junger Mann war, der so gar nichts von einem „Schleifer" an sich hatte und den die Soldaten alle gern hatten, meinte er dann: „Ja, ja, das schaut aber tatsächlich nicht schön aus. Da mußt das nächste Mal schon ein bißl aufpassen. Aber Strafe muß halt sein, weißt. Jetzt bleibst halt am Sonntag wieder in der Kaserne, verstehst?" – „Jawoll, Herr Leutnant." Damit war die Geschichte erledigt. „Und jetzt kannst abtreten", sagte der Herr Leutnant noch. Der Seppl machte eine zackige „Kehrt-euch-Drehung" und ging wieder in seine Werkstatt. Daß er „seinem" Leutnant künftig mit geradezu hingebungsvoller Sorgfalt die Uniform in Ordnung hielt und stets meisterlich bügelte, versteht sich von selbst.

Alarm!

Seppl war unter den Soldaten ein begehrter und beliebter Mann. Handwerk hat doch einen goldenen Boden. Besonders die Bauernburschen schätzten den Schneider. Der Grund, warum der Seppl so sehr geschätzt wurde, lag in der ganz natürlichen Eitelkeit der Burschen. Die Jungbauern waren verpflichtet, die Grundausbildung zu machen, und durften dann, wenn sie nachweisen konnten, daß sie daheim auf dem Hof gebraucht wurden, das Militär wieder verlassen. Auch während der Grundausbildung durften sie an den Wochenenden nach Hause auf ihren Hof. Eine recht vernünftige Einführung. Weil die jungen Bauernburschen aber in Uniform heimfuhren, wollten sie in dieser für Rekruten recht einfachen Uniform ein bißchen glänzen. „A bißl angebn habn sie halt wolln", sagt der Sepp heute. Der Schneider-Seppl bügelte ihnen die Hosen, stärkte die Aufschläge, unterlegte die Schultern der Röcke, sodaß die Bauernburschen daheim einen guten „Auftritt" hatten. Als Dank für seine Mühe wurde der Seppl stets belohnt. Er erhielt viel mehr Schnaps, als er trinken konnte, und dazu meistens ein Stück Speck. Natürlich teilte der Seppl seine Vorräte mit den Kameraden. Was den Schnaps betraf, erging es dem Seppl damit, wie es vielen ergeht. Er war ein völliger „Neuling" und hatte keine Ahnung von der Wirkung des Alkohols. An eine Folge dieser Wirkung – sagen wir es ruhig: an seinen ersten Rausch – erinnert er sich nicht sehr gern.

Mit dem Korporal und einem Gefreiten wurde in einer Dienstpause recht fleißig gebechert. Ein Schnapsl folgte dem anderen, prost auf den und prost auf einen anderen. Das ging so eine gute Stunde lang, und Seppl versicherte seinen „Kameraden" immer noch, daß er überhaupt nichts spüre von dem bißl Schnaps. Dann aber folgte der notwendige Gang ins Freie, und jetzt zeigte der tückische Alkohol seine Wirkung. Seppl brach zusammen, das war auch das letzte, an das er sich erinnern konnte. Daß nicht nur der Alkohol, sondern auch die lieben „Kameraden“ recht hinterfotzig und heimtückisch sein konnten, erkannte er am nächsten Tag. Damen bitte wegschauen! Die Geschlechtsteilkontrolle war angesagt. Alle wußten, was mit dem bewußtlosen Seppl in der Nacht geschehen war, nur er selber nicht. Also Hosen herunter, Hinter- und Vorderteil der männlichen Mitte wurden kontrolliert. Der Militärarzt staunte nicht wenig. „Ja Schneider, was ist denn mit dir los, bist du unter die Neger gegangen?“ Das Gebrüll der gesamten Stubenbesatzung hört der Seppl heute noch. Hatten sie ihm doch während der Nacht das Hinterteil nicht nur mit Schuhcreme angestrichen, sondern auch noch auf Hochglanz poliert. Es war eine gute Lehre für den Seppl. Seither, so scheint es, ist er mit dem Alkohol sehr vorsichtig. Er kennt seine nicht mehr zu kontrollierende Wirkung, wenn man ihm allzuviel zuspricht. Seppl hatte den Vorfall bald vergessen. In der Kompanie – wahrscheinlich auch in der Offizierskantine – lachte man herzlich darüber.

Noch mehr aber über die Alarmgeschichte: Der Schneider war beinahe Tag und Nacht mit seinen Uniformen beschäftigt und kümmerte sich nur noch wenig um den üblichen Dienst und seine strengen Vorschriften. Wenn die Kameraden schon lange auf ihrer Pritsche lagen, saß er immer noch in der Werkstatt bei seinen Uniformen – auch damals, als plötzlich um 10 Uhr in der Nacht der Korporal wie ein Wilder durch die Kaserne rannte, pfiff und „Alaaarm, Alaaarm!“ schrie. Das war nun etwas völlig Neues. In der Grundausbildung hatten sie gelernt, daß bei einem „Alarm“ die Kompanie in wenigen Minuten einsatzbereit angetreten sein müsse, mit vollgepacktem Tornister, schußbereitem Gewehr, Munition, Stahlhelm, Gasmaske, der üblichen Decke, mit einem Wort: einsatzbereit. Die Soldaten beeilten sich, so gut sie konnten. Jeder suchte und fand seinen Kram, und jeder der Kompanie war schon in wenigen Minuten drunten auf dem Kasernenhof – nur einer nicht, der Schneider. Er war ja in der Werkstätte. Auf tadellose Ordnung, was seine Ausrüstung betraf, hatte er in letzter Zeit – ehrlich gesagt – nicht mehr viel geachtet. Schon gar nicht war er auf einen Alarm vorbereitet. Wo war nur der Tornister, der vollgepackt sein sollte mit der Notration, mit der Wäsche zum Wechseln und diesem und jenem? Natürlich war er nicht „einsatzbereit", aber wenigstens voll mußte er sein. Also stopfte Seppl hinein, was gerade in Reichweite lag. Wo war das Gewehr, wo die Munition, die Decke, die Gasmaske, der Stahlhelm? Mein Gott, war das ein Wirbel. Bis Seppl alle seine Sachen beisammen hatte, stand die Kompanie schon längst stramm drunten auf dem Kasernenhof. Endlich läuft auch Seppl aus der Kasernentür, den Stahlhelm noch offen, das Gewehr in der Hand, die Decke nur notdürftig, daher wackelnd auf den Tornister geschnallt, den Patronengurt nicht ordnungsgemäß festgemacht, eher schlampig also und gar nicht „einsatzbereit". Das Staunen des Herrn Leutnants, der so stolz gewesen war, daß seine Kompanie in wenigen Minuten einsatzbereit war, können wir uns vorstellen. „Ja, das darf doch nicht wahr sein! Da kommt ja tatsächlich auch noch der Herr Schneider!" Wie der Seppl so daherlief, da grinsten die meisten Soldaten schon. Der Herr Leutnant unterdrückte sein aufkommendes Lachen. Als der Seppl aber vor dem Herrn Leutnant stand, in seiner Aufregung dann noch mit der linken Hand salutierte und seine verspätete Ankunft meldete, da konnte sich auch der Leutnant das Lachen nicht mehr verbeißen. Die Soldaten lachten mit. Der Seppl hätte gern mitgelacht, wäre er ob seiner wirklich nicht einsatzfähigen Aufmachung nicht selbst verzweifelt gewesen. „Ja, wie schaut er denn aus, unser Herr Schneider?" Und nun folgte, was der Seppl nie befürchtet hatte, weil er ja mit der Nadel in der Hand seinen Dienst verrichtete. Er wurde vor der Kompanie kontrolliert. „Gebn S' einmal den Tornister herunter, Schütze Reinalter, und lassn S' schaun, ob wenigstens alles drin ist, was wir so brauchen." Seppl schnallte den Tornister auf, streifte ihn vom Rücken und reichte ihn dem Leutnant. „Bitte, Herr Leutnant!" Der Leutnant nahm den Tornister, öffnete ihn – alles vor der gesamten Kompanie – und begann nun, den Inhalt des Tornisters zu kontrollieren. Seppl hatte ihn mit allem vollgepackt, was gerade in seiner Umgebung herumgelegen war. Der Herr Leutnant schaut etwas verdutzt in den vollgestopften „Alarmtornister". „Ja, was habn wir denn da?" Er zieht einen alten Socken aus dem Tornister und zeigt ihn, an zwei Fingern haltend, dem Seppl und der Kompanie. Die Männer brüllen vor Lachen. Der Herr Leutnant läßt es zu. „Einen Socken, Herr Leutnant", antwortet Seppl. „Ja, das seh ich schon." Der Leutnant wühlt weiter im Tornister und zieht dann eine Uniformhose heraus. Sie lag beim „Einpacken" grad in Reichweite. Er hält sie hoch, schüttelt den Kopf und sagt dann vor der bereits „wiehernden" Kompanie: „Also so eine Sauerei hab ich jetzt noch nie erlebt. Schaun S', daß weiterkommen, Schneider, und melden S' Ihnen jetzt einmal täglich um 10 Uhr in voller Alarmausrüstung zum Rapport, verstanden!" – „Jawoll, Herr Leutnant." Der Seppl packte seinen Tornister wieder zusammen, reihte sich ein und war weiter nicht traurig über sein Alarm-Mißgeschick. In Zukunft aber hatte er seine volle Ausrüstung stets in Griffbereitschaft. Es war ja auch notwendig, weil er sich eine Woche lang täglich in voller Adjustierung melden mußte.

Seppl war vom beliebten Schneider zum Spaßvogel der Kompanie avanciert, dem sogar die gutmütigen Offiziere, vor allem der Herr Leutnant Thurn von Hohenfels, so manche dienstliche Schlamperei verziehen haben. Kein Wunder, daß sich der Seppl beim Militär wohl fühlte und der Tag des Abrüstens, es war der 30. September 1937, alles eher als ein Freudentag für ihn war.

5. *Erste Liebe*

Hansi

Geschäftlich gesehen erlebten Österreich und Tirol im Jahre 1937 wieder einen kleinen Aufschwung. Allerdings war dieser Aufschwung politisch sehr teuer erkauft worden. Hitler hatte am 11. Juli 1936 mit Österreich ein Übereinkommen geschlossen, in dem Österreich als souveräner Staat „anerkannt" wurde. Als „Gegenleistung" für diese Anerkennung wurde in Österreich eine Amnestie für inhaftierte Nationalsozialisten erlassen, die Heimwehrverbände wurden von Dr. Schuschnigg aufgelöst. Die deutsche Reichsregierung verzichtete auf die Tausendmarksperre. Der Mussolini-Besuch in Deutschland (1937) festigte die Achse „Berlin–Rom". Weil Mussolini am Schicksal Österreichs desinteressiert war und Österreich kaum Hilfe von den Westmächten erwarten konnte, hatte Hitler relativ leichtes Spiel ...

Das alles aber interessierte den jetzt 22jährigen Seppl kaum. Für ihn war wichtig, daß er nach der Abrüstung vom österreichischen Militär eine Stelle bekam. Wir erinnern uns noch an den Lehrbuben, der ein paar Monate lang mit dem Seppl beim versoffenen Meister in Vomp „eingeendelt" hatte. Aus dem Buben war inzwischen ein „Meister" geworden, der in Vomp eine kleine Schneiderei führte. Einen flinken Schneider wie den Seppl konnte der Greiter brauchen. Seppl war also gut untergebracht. Freie Verpflegung, freie Unterkunft und wöchentlich S 8,–. Das war nicht viel, aber Seppl hatte keine Sorgen und war deshalb glücklich.

Wie es der Zufall wollte, waren die Eltern des Hans Greiter mit dem Förster des Dorfes Vomp befreundet. Jäger und Förster verstehen sich in der Regel gut. Das Haus des Försters thronte hoch über dem Dorf. Der Weg hinauf war nicht allzu lang, aber steil. Das Töchterlein des Försters war 17 Jahre alt und lernte den

Beruf einer Weißnäherin bei den Klosterschwestern in Schwaz. Den Weg nach Schwaz legte es täglich mit einem steirischen Waffenrad – damals ein Markenrad erster Klasse – zurück. Und weil der Weg vom Försterhaus hinunter nach Vomp zu steil war für eine Radfahrerin, ging ihn das Mädchen zu Fuß. Das Rad war beim Schneidermeister Greiter eingestellt. Von hier aus nach Schwaz und am Abend wieder zurück war es eine bequeme Radlpartie.

Diesen täglichen „Vorgang" beobachtete Seppl einige Zeit. Es war ihm auch aufgefallen, daß dieses kleine Förstermadl ein bildhübsches Geschöpf war. Die dunklen, fast schwarzen Zöpfe hatte es zu einer imposanten Haarkrone aufgesteckt – „Gretlfrisur" nannte man damals diese bäuerliche Haartracht. Schwarze Augen leuchteten stets fröhlich aus einem gesunden und frischen Gesicht, mit einem Wort „a richtig netts Dirndl, so wia's mir gfalln hat", sagt der Sepp heute. Das „nette Dirndl" wurde Hansi genannt.

Wochenlang überlegte der Seppl, wie man es wohl anstellen könnte, mit dem Mädchen ins Gespräch zu kommen. Über ein „Grüaß di, Hansi" war er noch nie hinausgekommen. Eines Tages aber, angespornt durch die fröhlichen Augen des Mädchens, in denen er Sympathie für sich abzulesen glaubte, nahm der Seppl seinen ganzen Mut zusammen und fragte die Hansi: „Du, Hansi, sag, könnt i di nit einmal abholen in Schwaz. Nach der Arbeit hätt i leicht Zeit. Und wenn du willst, könntn mir dann beim Heimgehn a bißl redn miteinander." Die Antwort kam schneller und angenehmer, als es Seppl erwartet hatte. Sie sprach praktisch schon aus den blitzenden, fröhlichen Augen. „Ja, Seppl, das wär nett. Gern kannst mi abholen. Des tät mi freuen." Der erste Schritt war getan, Seppl war überglücklich. Von diesem Tag an holte Seppl die Hansi täglich in Schwaz ab, schob ihr Rad und begleitete sie nach Hause. Über ein Handlhalten oder gelegentlich ein Bußl auf die Wange sind die Zärtlichkeiten nicht hinausgegangen. „Sie war ja erst siebzehn Jahr!" Aber Hansi wurde später seine Frau, mit der ihn eine jahrzehntelang dauernde, schöne Ehe verband. Leider ist ihm seine Frau, die später sehr krank war und die er aufopfernd pflegte, vor ein paar Jahren gestorben. Ihr Bild hängt über dem Eßtisch. Es erinnert den Sepp an viele schöne Jahre gemeinsamen Ehelebens.

13. März 1938

Die politischen Ereignisse in Österreich überstürzten sich. Noch am 12. Februar 1938 traf Dr. Schuschnigg in Berchtesgaden mit dem bereits selbst- und machtbewußt auftretenden Hitler zusammen. Unter Druck mußte Schuschnigg den von Hitler gewünschten Rechtsanwalt Arthur Seyß-Inquart als Sicherheitsminister in die Regierung aufnehmen.

Schuschnigg kündigte am 9. März in Innsbruck eine Volksbefragung an. Das österreichische Volk sollte sich zu seiner Unabhängigkeit bekennen. Hitler erzwang die Absage der Volksbefragung. Seine Truppen standen bereit zur Besetzung Österreichs. Dr. Schuschnigg trat zurück. „Gott schütze Österreich!" waren seine letzten Worte als Bundeskanzler. Eine neue österreichische Regierung unter Seyß-Inquart wurde gebildet, die deutschen Truppen marschierten in Österreich ein. Am 13. März 1938 hörte Österreich auf zu bestehen. Der protzige Hitler sagte in seiner Erklärung zum „Anschluß" Österreichs: „Ich habe mich daher entschlossen, den Millionen Deutschen in Österreich nunmehr die Hilfe des Reiches zur Verfügung zu stellen … seit heute morgen marschieren über alle Grenzen Deutschösterreichs die Soldaten der deutschen Wehrmacht" (Tiroler Jungbürgerbuch, S. 169).

Während des Winters 1937/38 hatte Seppl von all den politischen Wirren und vom beginnenden Untergang Österreichs nicht viel mitbekommen. Er war glücklich in der Schneiderei und freute sich täglich auf den Spaziergang mit seiner Hansi, in die er sich Hals über Kopf verliebt hatte. Seppl war aber nicht nur Schneidergeselle, er war auch „Reservist". Als solcher hatte er zur Verfügung zu stehen, wenn sein Land ihn brauchte. Ende Feber 1938 platzte der Stellungsbefehl mitten in das stille Glück des Seppl. Er hatte einzurücken in seine Stammkaserne nach Hall. Dort wurde den (noch) österreichischen Soldaten klargemacht, wozu man sie so rasch einberufen hatte. Die deutschen Truppen waren im Anmarsch auf die österreichischen Grenzen. Diese mußten verteidigt werden. Kompanieweise wurden die Soldaten mit ihren Offizieren auf verschiedene Grenzabschnitte verteilt. Seppl erinnert sich noch genau, daß seine Kompanie nach Achenkirch verlegt wurde. „Mein Gott, habn mir Schiß ghabt", sagt der Sepp. Sie hörten den ganzen Tag lang – es war so um den 8., 9., 10. März – das Rollen der Panzer und das Motorengeheul der großen Lastwagen, die weitere deutsche Truppen an die Grenze brachten. Unruhe, ja auch Angst bemächtigte sich der jungen Burschen. Wie sollten sie diese Truppen aufhalten. „De warn ja viel, viel stärker als mir!" Aber der liebe Gott und die noch bestehende österreichische Regierung unter Schuschnigg ließen die Vernunft walten. Es wurde befohlen, die Grenzen nicht zu verteidigen und sich zurückzuziehen. „Gott sei Dank", meint der Sepp, „dös wär ja furchtbar gwesn." Die Kompanie wurde in die Kaserne nach Hall zurückgeschickt – und nach wenigen Tagen konnte Seppl wieder abrüsten. Sein erstes „Fronterlebnis" hatte er recht gut hinter sich gebracht. Seppl fuhr – so schnell er konnte – nach Vomp und freute sich auf seine Schneiderarbeit – und auf Hansi.

6. *Stilles Heldentum*

Die Unkelbacher-Mami

Sepp und ich, wir waren uns einig, daß dieses Büchlein kein „Kriegstagebuch“ werden soll. Kriegsbücher gibt es eine ganze Menge, über den Kriegsverlauf wissen historisch interessierte Menschen Bescheid. Die Soldaten selbst, die den Krieg überlebt haben, erinnern sich nicht immer gern an die besten Jahre ihres Lebens, die sie dem damaligen „Vaterland Deutschland“ opfern mußten. Auch der Sepp hat diese Erinnerungen eher verdrängt. Er sagt heute noch, daß er im Krieg keinen Schuß abgefeuert hat. Er war mit Leib und Seele Sanitäter und tat als solcher mehr als seine Pflicht. Das haben uns Männer erzählt, die mit dem Sepp einen Teil des Krieges und die Gefangenschaft in Rußland miterlebt haben. Aber davon später … Daß Seppl nicht mit jener Begeisterung zur deutschen Wehrmacht eingerückt ist, wie er damals zum österreichischen Militär ging, ist verständlich. Den viel härteren Drill hatte er in einer kurzen „Umschulung“ bereits erfahren. „Da war ja ein Unteroffizier ein General“, sagt der Sepp. „Für die bist weniger gwesn als ein Viech.“ Er erinnert sich noch gut an die üblichen Redewendungen der harten Ausbildner, die immer wieder meinten, daß die Soldaten das Denken den Pferden überlassen sollten, weil die den größeren Kopf hätten. Das Ziel der Ausbildung war es wohl, aus denkenden jungen Männern empfehlsempfangende Roboter zu formen. Ein beliebtes Frage-und-Antwort-Spiel war folgendes: Ein Ranghöherer zu irgendeinem Schützen: „Sie sind ein Trottel!“ Nach dem: „Jawohl, Herr Obergefreiter“, kam die Frage: „Was sind Sie?“ Darauf hatte die Antwort zu erfolgen: „Ich bin ein Trottel, Herr Obergefreiter.“ Dann die erneute Frage: „Wissen Sie jetzt, was Sie sind?“ – „Jawohl, Herr Obergefreiter, ich bin ein Trottel.“ Das war sicher entwürdigend für einen jungen Mann. Darüber lachte der Seppl noch. So richtig ernst aber wurde es im Dezember 1939 für ihn. Der Krieg hatte bereits am 1. September begonnen. Bekanntlich war der „Polenfeldzug" in wenigen Wochen beendet worden. Seppl wurde in die Garnison nach Kufstein zum Ersatzbataillon 67 der 2. Gebirgsdivision einberufen. Nach wenigen Wochen wurde seine Einheit ins Rheinland verlegt. Seppl meldete sich zu den Sanitätern. Er absolvierte in St. Sebastian bei Koblenz den „Hilfskrankenträgerkurs", ein paar Wochen später in Remagen bereits den „Krankenträgerkurs". Schon damals war ihm das Helfen lieber als das Schießen. Die Einheit des Seppl überwinterte im Rheinland, er selbst war mit einigen Soldaten in Unkelbach bei einem Bauern untergebracht. Dieser Bauer war bereits ein alter Mann, und die Bäuerin, auf deren Schultern die Arbeit des Hauses und des großen Obstangers lastete, ebenfalls eine betagte Frau. Der Seppl sah, wie sich die Bäuerin abrackerte und mit der Arbeit kaum nachkam. Obendrein waren ja auch noch die Soldaten bei ihr untergebracht. Für den Seppl gab es kein Nachdenken darüber, wie man der Bäuerin helfen könnte. Er packte ganz einfach an, wo es etwas zu helfen gab, in der Küche beim Geschirrspülen genauso wie im Stall, er räumte auf, wenn es etwas aufzuräumen gab, half draußen auf dem Obstanger, wenn es die freie Zeit erlaubte. Die Bäuerin war überglücklich über den „Bubn" aus Tirol, sie begann den immer lustigen Seppl in ihr Herz zu schließen. Weil der Sohn des Hauses einen sehr guten Posten bekleidete und nicht das geringste Interesse am Hof zeigte, schlug die Bäuerin dem Seppl eines Tages folgendes vor: „Weißt was, Seppele, den schönen Hof mit dem großen Obstanger, den kannst einmal du übernehmen, wenn du willst." Der Seppl war nicht wenig überrascht über diesen Vorschlag. Zugegeben, er hatte die Unkelbacherbäuerin sehr gern, sie war eine nette Frau, vielleicht sogar eine Art Muttersatz für ihn. Aber ins Rheinland übersiedeln, dazu konnte er sich nicht entschließen. Die Menschen waren nett, die Gegend schön, der Hof wahrscheinlich ein kleines Vermögen wert, aber das Karwendel, das

Kellerjoch, der Hundskopf, der felsige Bettelwurf, das alles fehlte ihm hier. Das gute Verhältnis zwischen dem Seppl und der Unkelbacherbäuerin blieb bestehen. Er nannte sie später die Unkelbacher-Mami und schrieb ihr während des ganzen Krieges immer wieder, wie es ihm erging. Und wenn die Unkelbacher-Mami einmal mehrere Wochen nichts vom Seppl hörte, schrieb sie gleich nach Vomp zu den Greiterleuten, um zu erfahren, was denn los sei mit „ihrem" Seppele.

Die Unkelbacher Zeit, an die sich Sepp gern erinnert, dauerte bis Ende Feber 1940. Über Nacht ging es nach Berlin zur 6. Gebirgsdivision unter dem damaligen Oberst Schörner, einem bekannt harten Offizier. Seppl war bereits zum Zugssanitäter befördert worden. Das befreite ihn aber nicht von der „fürchterlichen Schleiferei", die den Soldaten – gewissermaßen als Training für den Frankreichfeldzug – bevorstand. Den Frankreichfeldzug machte Seppl mit. Über die Vogesen kam seine Einheit bis Besançon und schließlich nach Pontarlier – direkt an der Schweizer Grenze. Am 14. Juni 1940 wurde Paris besetzt. Hitlers Kriegshunger war noch nicht gestillt. England schien das nächste Angriffsziel. Wohl deshalb wurde Seppls Einheit an die französische Küste verlegt. Le Havre war der neue Stützpunkt, die steilen Küstenfelsen die neue „Trainingsstätte" für die Soldaten. Gute sechs Wochen lang wurde täglich das Erklettern der Küstenfelsen trainiert (wenn man diesen sportlichen Ausdruck für Kriegszwecke verwenden darf). Seppl, der immer ein begeisterter Bergsteiger, nie aber ein guter Kletterer war, hatte mehr Angst als Vergnügen beim täglichen „Kraxeln", noch dazu mit voller Ausrüstung. „I sag dir, aomal, hab i nimmer vor und nimmer zruck kennen. I war verzweifelt. Da habn sie mi holn müassn wia bei der Bergrettung."

Hitler kam vom wahnwitzigen Englandplan wieder ab. Seppls Einheit wurde – wie immer „über Nacht" – nach Puchberg am Schneeberg verlegt. Warum, das erfuhren die Soldaten, immer noch unter dem beinharten Schörner, bald. Nachdem sie an der französischen Küste zu Kletterern erzogen worden waren, stand jetzt „Härtetraining" auf dem Programm. Der Schneeberg, im südöstlichen Zipfel Niederösterreichs gelegen, ist 2.075 m hoch. Die Gegend kann im Winter sehr kalt sein. 20–25° minus soll es im Winter 1940/41 gehabt haben. Wieder etwa sechs Wochen lang „trainierten" die Soldaten am und auf dem Schneeberg. Droben mußte wöchentlich mehrere Male nach dem Marsch zum Gipfel biwakiert werden. „Es war saukalt, aber später dann oben an der Eismeerfront hat's uns schon geholfen", meint der Sepp.

Vorläufig aber ging es nicht an die Eismeerfront, sondern auf den Balkan. Auch diesen Feldzug machte der Seppl, jetzt schon als Zugssanitäter, mit.

Brot für Liebe

Es war im Frühjahr 1941. Der Balkanfeldzug hatte begonnen. Über Nacht war die 6. Gebirgsdivision in die Züge verfrachtet und über Ungarn, Rumänien, Bulgarien nach Griechenland verlegt worden, auch der Seppl, der sich bereits als Sanitäter bewährte. An große Heldentaten während des Balkanfeldzuges erinnert sich Seppl kaum. Eine Geschichte aber, eine eher delikate, ist dem Zugssanitäter Reinalter in Erinnerung geblieben.

Seine Einheit war über Saloniki, Larissa – auch den Olymp hatte man selbstverständlich besetzt – bis an die Küste vor Athen vorgerückt. Nur wenige Wochen nach der Ankunft in Athen erkrankte ein gutes Drittel der Division an Malaria. Ein Krankencamp mußte eingerichtet werden, Seppl als Sanitäter war in vollem Einsatz. Das Krankencamp war für die gesunden Soldaten absolutes „Sperrgebiet" und durch einen hohen Stacheldrahtzaun vom übrigen Soldatenlager abgetrennt. Selbstverständlich wurden die Kranken genauso gut verpflegt wie die Gesunden. Neben der üblichen Tagesration erhielt jeder Soldat einen Wecken Brot. Für die Soldaten damals im Frühjahr 1941 noch eine Selbstverständlichkeit, für die hungernde Bevölkerung Griechenlands aber bereits eine Rarität. Nun fiel es dem Seppl auf, daß die gesunden Soldaten ihn immer wieder anbettelten um jene Wecken Brot, die von den malariakranken Landsern, denen ja übel war und die daher keinen Appetit auf Brot hatten, übrigblieben.Wozu die Soldaten, die sicher nicht an Hunger litten, immer wieder diese Wecken Brot brauchten? Seppl fand des Rätsels Lösung bald. Griechische Frauen bettelten um das Brot. Noch mehr! Sie waren bereit, für Brot sich selber – und ihre Ehre – hinzugeben. Und nicht nur das. Auch ihre Töchter verkauften sie für Brot. Das war ein schäbiger Handel, den die Landser mit hungrigen Frauen und Mädchen eingingen. Er gereichte den Soldaten nicht zur Ehre. Der Seppl erfuhr von diesem Handel. Er war zutiefst erschüttert. „Nit epper über die Madln und die Mütter, de Hunger ghabt habn, sondern über de miesn Kerl, denen nix zu dreckig war." Von nun an sammelte er die im Krankenrevier übriggebliebenen Wecken – und teilte sie selbst an die Frauen aus, die täglich am Stacheldrahtzaun des Krankenlagers standen und um das Brot bettelten.

Als der Großteil der Truppe nach Kreta eingeschifft wurde, blieb Seppl im Sanitätslager an der Küste. Ein heißer Sommer hatte begonnen. 40° C Hitze, für die Kranken ein Alptraum, der Seppl aber schien gegen Hitze und Krankheit immun zu sein.

Als die Sowjetunion im Juni 1941 Deutschland den Krieg erklärte, war Seppl noch in Griechenland. Die Griechen müssen wohl geahnt haben, daß es jetzt bald zu Ende sein würde mit den „schnellen Siegen" Hitlers. Sie zeigten den deutschen Landsern unverhohlen das Galgenzeichen, indem sie mit dem Zeigefinger eine Kreisbewegung um den Hals andeuteten, und sagten dazu: „Germanski kaputt!"

Die Einheit des Seppl wurde von Griechenland abgezogen und kam in ihr „Stammquartier" zurück – nach Puchberg am Schneeberg.

Nach kurzem Aufenthalt ging es an die Eismeerfront.

Eismeerfront

Herbst 1941 – die 6. Gebirgsdivision war noch im Sommer an die Nordfront abkommandiert worden. Über Oslo, Trondheim und die Eismeerstraße ging es in langen Fahrten und noch längeren Tagesmärschen bis hinauf nach Kirkenes, das bereits 500 km nördlich des Polarkreises liegt. Die Gebirgsjäger hatten während eintöniger Märsche die einsame und doch faszinierende Landschaft des hohen Nordens kennengelernt – die Tundra. Keine Berge, nur sanfte Hügel, keine üppigen Grasböden wie bei uns auf den Almen, aber weite, kaum bewachsene Ebenen, Zwergbirken statt Zirben, ein unendlich weiter Himmel, vor dem einen Sommer lang die Sonne steht und die Nacht zum Tag macht, der aber schon im Herbst immer dunkler wird und schließlich die traurige Landschaft in eine Monate dauernde Nacht versenkt. „Eine furchtbar einsame Gegend", sagt der Sepp nachdenklich. Treuer Begleiter der Soldaten war ein ständig wehender, kalter Wind. Besonders während der dunklen Wintermonate wurde er neben der Kälte zur Qual.

Seppls Frontabschnitt lag etwa 60 km von Murmansk entfernt. Die Soldaten der 7. Kompanie des 141. Regimentes waren schon seit Tagen damit beschäftigt, sich ihre Stellungen zu bauen. Das war gar nicht so einfach. Der Tundraboden wurde von Woche zu Woche härter, das Ausheben eines Bunkers umso schwieriger. Weil man sich auf russischem Hoheitsgebiet befand, mußte natürlich auch „Wache geschoben" werden. Der Tagesablauf der Soldaten war hart und zermürbend. Zwei Stunden graben, zwei Stunden Wache, zwei Stunden Rast. Rasten konnten die Soldaten nur in jenem Loch, das sie zu einem größeren Bunker ausbauen mußten. Es war erst etwa 1,20 m tief. Als Dach dienten Zeltplanen, die mit Erde bedeckt waren. Man konnte sich nur kriechend zu einer der aus Birkenholz zusammengenagelten Liegestätten hinbewegen, wo man dann ein paar Stunden Schlaf fand, wenn man gute Nerven hatte. Der Bunker mußte natürlich tiefer werden. Je rascher die Soldaten arbeiteten, umso bequemer waren sie dann untergebracht. Seppl mußte mit anpacken, obwohl er bereits Kompaniesanitäter war. Auch er fiel jeden Tag hundemüde in sein Birkengestell.

Es war bereits November, täglich lag die düstere und unheimliche Finsternis über der bereits verschneiten Tundra. Die Kompanie war um ein paar Soldaten verstärkt worden, darunter ein junger, fescher Bursch, voller Tatkraft und Energie. Es war Wolfi Pinsker aus Schwaz. Sein Vater war damals hoher Forstbeamter im Bezirk. Deshalb kannte er sowohl die Familie Greiter – Vater Greiter war ja Aufsichtsjäger – als auch den Vater der Hansi, der als Förster beschäftigt war. Und der Wolfi kannte auch den Seppl. Er hatte schon viele Stunden mit dem stets lustigen Schneidergesellen verbracht – und mit ihm gelacht. Aber in der Dunkelheit gingen die beiden tagelang aneinander vorbei. Eines Tages, als die Soldaten bei Kerzenlicht im immer noch niedrigen Bunker saßen, hörte der Wolfi mitten im Gemurmel eine Stimme, die ihm bekannt vorkam. Das war ja ein Schwazer Dialekt. Ja, noch mehr: Das war die Stimme des Seppl. „Ja, Seppl", schrie da der Wolfi, „bist's tatsächlich du?" Den Seppl riß es herum. Er erkannte nun den Wolfi aus Schwaz. „Mein Gott, der Wolfi." Die beiden gingen gebückt aufeinander zu, umarmten sich, freuten sich. Beide hatten sie ein Stück Heimat gefunden. Wolfi Pinsker gibt gerne zu, daß er damals Tränen in den Augen hatte …

Vom weiteren Aufenthalt der beiden in der Eismeerfront erzählte mir Dr. Wolfi Pinsker, heute bereits im Ruhestand. Er war lange Jahre Tierarzt im Bezirk Schwaz, ein angesehener Bürger und passionierter Jäger.

Die beiden waren natürlich ab sofort ein Herz und eine Seele. Sie ertrugen den Frust der Eismeerfront besser gemeinsam. Ein Frust war es wirklich, erzählte mir Wolfi Pinsker. „Etwas vom Schlimmsten war das Wacheschieben. Zwei Stunden lang stehst du da in dieser Dunkelheit, ständig bläst der Wind um dich herum, Schneefahnen, die der Wind auftreibt, nehmen bizarre Formen an, erinnern dich an einen Menschen; vielleicht ist es ein Russ', denkst du, hast Angst. Und die Kälte. Ich sag dir, das war wirklich kein Honiglecken." Der Seppl, so meint Wolfi, habe dort oben an der Eismeerfront nie seinen Humor verloren. „Hätte er kämpfen müssen, wär' er wahrscheinlich ein miserabler Soldat gewesen. Aber als Sanitäter war er einmalig. Du mußt dir vorstellen, daß die einzelnen Stellungen, sowohl die der Russen als auch die unseren, sehr zerstreut lagen, es war nicht eine durchgehende Front. Sowohl hinter unseren Stellungen als auch hinter denen der Russen waren viele Kilometer Niemandsland, nur von Spähtrupps durchstreift. Wenn dir bei einem Spähtrupp etwas passierte, dann warst du erledigt. Wer kann dich denn 40 oder 50 km, so weit waren wir oft hinter den russischen Stellungen, noch heimschleifen? Aber das eine stand fest.Wenn's nur irgendwie möglich war, dann war der Seppl da. Er war ein Super-Sanitäter, der Tod und Teufel nicht gefürchtet hat, wenn es darum ging, einen Kameraden heimzubringen." Wolfi erinnert sich auch an seine Abszesse, die ihn – wie auch andere „Bunkerbewohner" – plagten. Auf seinem „Allerwertesten" wüteten mehr als 20 Geschwüre. Wolfi konnte nicht mehr sitzen, kaum mehr stehen und verbrachte die Bunkerzeit in Bauchlage. „Wir konnten uns ja oft wochenlang nicht waschen. Der Dreck und vor allem die Läuse haben uns mehr geplagt als die Russen." Mit Engelsgeduld pflegte der Seppl seinem jungen Freund den Hintern, behandelte ein Abszeß nach dem anderen mehrmals täglich, bis Wolfi endlich wieder sitzen konnte. Wenn Seppl auch vielbeschäftigter Sanitäter war, traf es ihn trotzdem manchmal, wenn zwei Mann dazu bestimmt wurden, das Essen für die Kompanie zu holen. Die Essensbaracke lag gute 10 km hinter dem Bunker. Zwei Soldaten mußten also auf Langlaufskiern zurück bis zur Baracke, in zwei großen und schweren Rückenkübeln brachten sie dann die Suppen für die Bunkerbesatzung. Dieses Mal waren Seppl und Wolfi dran. Lassen wir den Seppl erzählen:

Sepp mit Hansi, mit der er sehr glücklich war.

Sepp mit seiner Schwester Gusti.

Firmpate für den Sohn Hias Leitners.

Für den Ziehsohn Werner war Ernst Spieß Firmpate.

Sepp mit dem Sohn Max Golsers.

Mit dem hochw. Herrn Bischof von Innsbruck, Dr. Reinhold Stecher, und dem 54. (!) Patenkind Sara Fechner.

Firmpate für Hansi Hinterseer und den Platzgummerbubn Stoffl.

Sepp, beim Skifahren aufgenommen.

Mit dem „erwachsen" gewordenen Ernst Hinterseer (jun.).

Toni Sailer verbrachte mit dem Seppl viele lustige Stunden.

Auf der Alm – da fühlt sich der Sepp so richtig wohl.

Sepp mit Adi Platzgummer, seinem alten Freund in den Bergen (Roßkogel, 1968).

Seppls schöner „Alterssitz" in Terfens…

…in dem er sich sehr wohl fühlt.

Der Sepp mit einem seiner liebsten Freunde, mit Bubi Bradl (†).

Bei Feiern hat der Sepp gern die Jugend um sich. Hier beim Stanglwirt. V. l.: Nikola Spieß, Hansi Hinterseer, Heidi Zimmermann, David Zwilling, Annemarie Pröll, Heini Messner, Olga Pall, Berni Rauter, Monika Kaserer, Hans Enn, Sepp, Ulli Spieß und Leo Stock.

Ebenfalls alte und bewährte Freunde des Sepp: Dr. Klaus Leistner, ÖSV-Direktor, und der Sportchef des ORF Tirol, Manfred Gabrieli.

Sepp mit der Familie Spieß, der er viel verdankte. V. l.: Ernst Spieß, Tochter Nikola, Sepp, Ricki Spieß und Sohn Ulli mit seiner Frau.

Zum erstenmal in den neuen „R“-Sprunganzügen: V. l.: Millonig, Hofer, Ferdl Wallner (Trainer), Hans Wallner, Pürstl, Pungg, Aberer, Bachler, Schnabl, Wanner, Lippurger, Innauer, Cheftrainer Prof. Preiml. *Foto: Frischauf*

Das Kitzbühler Wunderteam, 30 Jahre danach: V. l.: Ernst Hinterseer, Hias Leitner, Christian Pravda, Fritz Huber, Pepi Gramshammer (heute in den USA), Anderl Molterer (USA) und Toni Sailer.

Hansi Hinterseer, Franz Klammer, Ernst Hinterseer und Josl Rieder mit „ihrem" Seppl.

Der „Springervater" mit seinen Freunden: Hinten v. l.: Heinz Koch, Preiml, Stipsitz, Esser, Pürstl, Aberer, Lengauer, Pungg, Grojer, Fritz Koch, Gürtler, Kogler, Bachler, Golser. Vorne v. l.: Gredler, Lippurger, Innauer, Sepp Reinalter, Schnabl, Schwabl, Ferdl Wallner, Millonig.

Foto: Frischauf

Starfotograf Erich Spieß mit seinem Vater Ing. Hubert Spieß.

Toni Thiel, der verstorbene Sportchef der TT, war immer da, wenn man ihn brauchte.

Dr. Karlheinz Klee, seit Jahrzehnten Rechtsberater und Freund.

Heidi Biebl und Karl Schranz lachen mit dem Sepp.

Zum 70. Geburtstag gratulieren: der damalige Landeshauptmann-Stellvertreter Dr. Fritz Prior... *Foto: Hruschka*

... der damalige Landessportreferent Fridolin Zanon ... *Foto: Hruschka*

… die „Lantschner" mit Guzzi, Inge Wersin-Lantschner und Hadi … Foto: Hruschka

… und noch viele, viele andere. Die Tuxer Sänger mit Dr. Wolfi Pinsker (Mitte), dem alten Freund aus den Kriegstagen an der Nordfront. Foto: Hruschka

Bei ÖSV-Feiern sieht man Seppl gern: V. l. hinten: Prof. Paul Ganzenhuber, Olga Pall-Scartezzini, Sepp, Arnold Koller und Toni Sailer: Vorne: Rad-As, ehemaliger Rundfahrtsieger Wolfi Steinmaier und ÖSV-Pressechef Mag. J. Schmid ... Foto: Frischauf

... und hier mit Dr. Wolfgang Girardi und dem Alpinchef des ÖSV, Mag. Werner Wörndle. Foto: Frischauf

„Es war dunkel, i sowieso ein mieser Langläufer. Der Wolfi lauft voraus, plötzlich sehen wir im Schneewind Gestalten vor uns. ‚Seppl, niederlegen!‘ schreit der Wolfi gepreßt.“ Beide liegen augenblicklich auf dem Schneeboden. Der Wind pfeift über sie hinweg. Vor ihnen mehrere Gestalten – Russen! Ja, tatsächlich, sie bewegen sich, wenn auch undeutlich bei diesem Wind und der düsteren Nacht. „Seppl, außer mit der Pistole“, flüstert Wolfi. Seppl zieht seine Pistole aus dem Gürtel. Er hat nicht die geringste Ahnung, wie und ob sie funktioniert. „I kenn mi nit recht aus, Wolfi“, sagt er leise. Der Wolfi nimmt die Pistole des Seppl und möchte ihm rasch zeigen, wie man damit umgeht. Der Blitzkurs erledigt sich von selbst. Die Pistole ist total verrostet. Wolfi aber verliert nicht die Nerven. „Bleib liegen.“ Der Wolfi schleicht sich an, die düsteren Gestalten bleiben, wo sie sind. Und doch scheint es so, als würden sie sich bewegen. Wolfi ist zirka 10 m bis vor die Gestalten gerobbt, von denen er annimmt, es seien Russen. Erst jetzt sieht er, daß ihn die Nacht, der Wind und die verwehten Zwergbirken getäuscht haben. „Die Tundra in der Nacht, des ist teuflisch. Des täuscht dich, daß du tatsächlich moanst, a Mensch steht vor dir“, erinnert sich der Sepp. Die beiden brachten dann ohne Feindberührung die Suppe gut „nach Hause“.

Wolfi Pinsker erinnert sich auch noch an die allabendliche „Jagd“ im Bunker. Die Läuse wurden aus den Falten der Hemden geholt, auf ein über Kerzenlichtern erhitztes Stück Blech geworfen, wo sie dann nach wenigen Sekunden platzten. Die Läuse, denen man verständlicherweise keine große Tierliebe entgegenbrachte, wurden nach „Abschüssen“ gezählt. Wolfi erinnert sich an gute 100 „Abschüsse“ pro Tag.

Den Winter 1941/42 verbrachte Seppl mit Wolfi an der Eismeerfront. Wolfi, damals ein strammer junger Mann, kam als Maturant in die Offiziersschule und wurde für einige Zeit von der Front abgezogen. Das war im April 1942.

Auch der Seppl war vorläufig nur noch ein paar Wochen droben an der Nordfront. An sich selbst hatte er während seines Sanitätsdienstes nie gedacht, auch damals nicht, als er in Griechenland die Malariakranken pflegte. Jetzt aber holte ihn die tückische Malaria ein. Seppl bekam hohes Fieber, war todmüde, schwindlig – und arbeitsunfähig. Seine Kameraden verpackten ihren Sanitäter in einen Ackja und brachten ihn hinter die Front ins Lazarett.

Ein Leben gerettet

Noch vor den Maikämpfen an der Eismeerfront wurde Seppl, an Malaria erkrankt, in den Hauptverbandsplatz Winkelsee eingeliefert. Dort arbeitete ein Innsbrucker als Sanitäter. Er hatte für jeden Verwundeten ein Krankenblatt anzulegen. Der damalige Sanitäter Willi Wolf, später Pfarrer und Professor, berichtet uns über seine erste Begegnung mit dem Seppl. So fragt er den Kranken um seine Personalien: „Name?“ „Josef Reinalter.“ „Heimatadresse?“ „Innsbruck.“ „Angehörige?“ „Keine – außer meiner Halbschwester Gusti.“ Eine seltene Antwort. Der Kranke, trotz seines Fiebers gesprächig, nett und fröhlich, wurde in einen warmen Rentiersack gepackt und über das Russenlager ins Lazarett nach Perkina in Finnland abtransportiert.

Das war die erste Begegnung zwischen Sepp und seinem späteren Lebensfreund und Leidensgenossen in den Gefangenenlagern Rußlands.

Seppl verbrachte nun ein paar Wochen im Lazarett von Perkina in Finnland und kam nach dem dortigen Aufenthalt in ein nobles Soldaten-Erholungshotel, das ebenfalls in Nordfinnland stand. Wieder genesen, erhielt er daraufhin einen schon lange verdienten Heimaturlaub, der ganze vier Wochen dauern durfte. Seppl hatte schon einige Male auf seinen Urlaub verzichtet – zugunsten älterer Kameraden, auf die eine Familie zu Hause wartete.

In diesem Urlaub – Sepp schmunzelt ein bißchen während unserer Unterhaltung – ist der junge Gebirgsjäger Sepp seiner Hansi so nahe gekommen, daß er sich spontan entschloß, seine große Liebe zu heiraten. Heiraten wollte er allerdings erst nach dem Krieg, der ja, wie alle jungen Soldaten dachten, nicht mehr lange dauern konnte.

Hitler hatte bekanntlich noch im Dezember 1941 – nach dem Überfall der Japaner auf Pearl Harbour – den USA den Krieg erklärt. Die deutsche U-Boot-Flotte feierte zwar unter Admiral Dönitz große Erfolge und versenkte innerhalb von 7 Monaten eine Unzahl von Kriegsschiffen. Der Feldzug in Rußland war aber ins Stocken geraten, und die deutschen Landser standen vor einem furchtbaren Winter.

Im Herbst des Jahres 1942 wurde Sepp zu seiner Einheit in die Eismeerfront zurückgeschickt, gleich ein paar Wochen nach seiner Rückkehr aber zur Sanitätskompanie überstellt. Seine Arbeitsstätte lag etwa 20 km hinter der vordersten Linie. In einer großen Baracke wurden die verwundeten Soldaten verarztet.

Bevor der Seppl aber zur Sanitätskompanie kam, konnte er noch – allerdings, rein militärisch gesehen, auf nicht einwandfreie Weise – Gutes tun. Ein guter Freund aus Tirol, ein junger, kräftiger Bauernbursch, war für den nächsten Spähtrupp ausgewählt worden. Ein Spähtrupp, der sich weit hinter die russischen Linien schlich, bedeutete nicht selten ein „Himmelfahrtskommando“. Mit einem Wort: Der junge Bursch hatte fürchterliche Angst. Mit seiner Angst kam er zum Sanitäter, der ihm helfen sollte. Aber wie? Seppl kam bald auf die unsoldatische Lösung des Falles. „Kommst morgen in der Früah, zitterscht a bißl, klappersch mit die Zähn – und dann werma schon sehgn.“ Gesagt, getan. Am Morgen kam der Bursch zitternd, mit den Zähnen klappernd, die Arme verschränkt, als fröre es ihn so sehr, gebückt und scheinbar niedergeschlagen in die Sanitätsbaracke, in der sich auch der Kompaniearzt befand. „Was ist denn mit dir los“, fuhr der Seppl den Burschen an. „Was hast denn?“ Klappernd und still antwortete der Bursch. „I glab, i bin krank." Er hatte das noch nicht ganz gesagt, als ihm der Seppl schon das Fieberthermometer unter den Arm steckte. „Vielleicht hast a Fieber." Der Kompaniearzt verließ sich in kleinen Dingen ganz auf den zuverlässigen Sanitäter. Nach kurzer Zeit schon nahm Seppl das Thermometer wieder aus der Achselhöhle des jungen Soldaten. „Ja, dös hab i mir glei denkt, du hast ja a richtiges Fieber. 39,3!" Der Kompaniearzt schaute kurz auf von seiner Schreibtischarbeit. „Was? 39,3? Sofort ins Bett mit dem Mann!"

Der „Mann" kam also ins Bett und war überglücklich, den Spähtrupp nicht mitmachen zu müssen. Seppl hatte das Thermometer vorsichtshalber schon am Morgen etwas aufgewärmt. Die Geschichte mit dem Spähtrupp nahm ein trauriges Ende. Er wurde aufgerieben. Keiner der jungen Burschen kehrte zurück. Der junge Tiroler überlebte den Krieg, auch nachdem er den Seppl nicht mehr als Sanitäter „zu Rate" ziehen konnte.

Seppl, der, wie uns Wolfi Pinsker erzählte, kaum mit dem Revolver umgehen konnte, war mit Leib und Seele Sanitäter. Er besuchte noch im Jahr 1942 einen Kurs nach dem anderen und stieg in seinen Sanitätsgraden vom „unsterilen Helfer" über den „Sanitätsdienstgrad", den „Sterilisator", schließlich den „Narkotiseur", der schon eine große Verantwortung trug, bis zum „Instrumenteur" auf. Der Instrumenteur arbeitete engstens mit dem Arzt zusammen und hatte die Aufgabe einer ersten Operationsschwester. Die Instrumente, die der Seppl dem Herrn Dr. Pappe, einem hervorragenden Gehirnchirurgen, reichte, waren stets die richtigen – und blitzsauber. Nicht nur das: Seppls Schneiderhand wurde bald einmal auch von Dr. Pappe entdeckt. Nach anfänglichem Zögern und scharfer Aufsicht überließ der Dokor dem Seppl die Nähte.

„I hab Näht gmacht, sag i dir, wia mit der Maschine – und die Doktor habn sie jedes Mal gfreut."

Als Narkotiseur war Seppl noch Ende 1942 auf den Hauptverbandsplatz versetzt worden, der auf der Fischer-Halbinsel lag, einer gottverlassenen, einsamen, traurigen Gegend nordwestlich von Murmansk. Im Winter 20 Stunden Nacht und vier Stunden blasser Tag – im Sommer 20 Stunden lang Sonne und 4 Stunden Dämmerlicht.

„Da droben könntest narrisch werdn. Aber zum Nachdenken sein ma nit kommen. Wir habn da fast Tag und Nacht die Verwundeten zusammengflickt." Es war ja bereits der Winter 1942/43. Die Russen leisteten weitaus mehr Widerstand, als es Hitler nach seinen Blitzsiegen erwartet hatte. Die Alliierten waren in Nordafrika gelandet, stoppten dort den bis dahin erfolgreichen Rommel und bedrohten bereits Italien. Die Spähtrupps im Bereich der Eismeerfront wurden noch härter, noch gefährlicher. Täglich Verwundete, täglich Tote, täglich weggerissene Arme, zu amputierende Beine, zu stillende Wunden, schwierigste Operationen, oft auch unter dem Hagel der Granaten.

Da droben auf der Fischer-Halbinsel dachte Seppl oft an seinen jungen Freund, den Pinsker-Wolfi. Nach seinem Urlaub hatte er ihn noch ein paarmal getroffen. Aus dem Wolfi war ein junger, flotter Leutnant geworden, leider in der Nachbarkompanie. Sie freuten sich immer, wenn sie einander sahen. Was wohl aus dem Wolfi geworden war?

Seppl selbst hatte dort oben im Norden Finnlands großes Glück. Das beweist folgende Geschichte, die sich im Winter 1942/43 zutrug:

Seppl hatte Nachtdienst. Er war dabei, „Tupfer" vorzubereiten, jene Wattebauschen, die man braucht, um das Blut während der Operation aus den Wunden zu tupfen. Je mehr, desto besser. Tupfer wurden in Unmengen gebraucht. Deshalb arbeitete der Seppl drauflos, so schnell er konnte. Möglichst viele Tupfer sollten es werden, damit der Doktor morgen bei den Operationen keine Sorgen hatte. Seppl unterdrückte sogar jenes menschliche Bedürfnis, das einem, falls es nicht zu seinem Recht kommt, den Schweiß auf die Stirne treiben kann. Noch ein paar Tupfer, jetzt noch ein paar – doch plötzlich erkämpften sich die inneren Kräfte die Oberhand über den Willen des Seppl, er sprang auf, riß die Tür der Steinbaracke auf und lief die etwa 30 Meter hinüber zum Plumpsklo, das in einem kleinen Holzhäusl untergebracht war. Endlich – Seppl saß gerade, von allen Qualen befreit, auf dem Latrinenbalken, als es zu donnern begann und eine fürchterliche Detonation die kalte, stille Winternacht in ein brüllendes Inferno verwandelte. Eine Bombe schlug mitten in die Sanitätsbaracke, die Splitter durchschlugen das Latrinenhäuschen, pfiffen am sitzenden Seppl vorbei, die Russen hatten den Hauptverbandsplatz beschossen. Inzwischen waren die übrigen Sanitätssoldaten aus ihren Häusern gelaufen. Sie alle wußten, daß der Seppl in der Hauptbaracke saß, weil er ja Nachtdienst hatte. „Der Seppl", hieß es, „den Seppl hat's erwischt!" Der Seppl aber kam ihnen aus dem völlig durchlöcherten Latrinenhäusl entgegen – ohne eine Schramme. Wo er seine Tupfer vorbereitet hatte, lag kein Stein auf dem anderen.

„Und da sagn die Leut, es gibt koan Schutzengel. Hätt i no ein paar Tupfer gmacht, dann war i wohl heut nimmer do!"

Wehrkraftzersetzung

Zwei Winter lang war Seppl auf der Fischer-Halbinsel als Sanitäter eingesetzt. Mit seinem Schutzengel überlebte er die dunklen und kalten Wintermonate. Im Frühjahr 1944 wurde er endlich auf Heimaturlaub geschickt.

Inzwischen hatte sich die Kriegslage entscheidend verändert. Von der Unbesiegbarkeit der deutschen Wehrmacht war keine Rede mehr. Die 6. Armee wurde vor Stalingrad eingekesselt und aufgerieben. Tausende deutscher Landser fielen, die Überlebenden gerieten in Gefangenschaft. Nachdem die Alliierten in Sizilien gelandet waren, kapitulierte Italien. Mussolini wurde gestürzt. Im Juni 1944 landete Eisenhower in Nordfrankreich, die große Invasion hatte begonnen. An allen Fronten Rückzüge.

Auch in Rußland und an der Eismeerfront. Deutschland war praktisch eingeschlossen.

Seppl wurde trotzdem an die Eismeerfront zurückbeordert. In Danzig aber hielt man alle Soldaten vom Weitertransport zurück. Hier traf Seppl wieder mit Willi Wolf zusammen, eben jenem Sanitäter, den er zwei Jahre zuvor, als er malariakrank gewesen war, kennengelernt hatte. Zu den beiden gesellte sich auch Leo Schrei aus Kapfenberg. Aus anfänglicher Sympathie entstand eine Freundschaft, die sich während der Gefangenschaftsjahre in Rußland als echte Freundschaft bewährte und über die Kriegsgefangenschaft hinaus dauerte.

Professor Willi Wolf, heute noch als Lehrer in Innsbruck tätig, schrieb auf 30 großen Seiten zusammen, was er mit Seppl erlebte. Ich greife gerne auf seine handschriftlichen Notizen zurück, um das Geschick Seppls während der nächsten Jahre schildern zu können.

In Danzig hatten sich die drei Sanitäter während der Wartezeit auf den Weitertransport angefreundet. Die Russen waren bereits weit vorgedrungen. Man wollte nur noch Spezialeinheiten, darunter auch Sanitäter, nach dem Norden transportieren. Die „Spezialisten" sollten sich für den Transport über die Ostsee und den Bottnischen Meerbusen hinauf nach Finnland melden. Seppl und Leo wollten das auch, Willi redete ihnen zu, es nicht zu tun. „Schaut, die Westmächte stehen bereits in Frankreich, der Russe hat einen Großangriff begonnen, der Krieg dauert nicht mehr lang. Da ist es doch besser, festes Land im Rücken zu haben als das Meer." Später bereuten Sepp und Leo das, weil die Truppen der Eismeerfront zum Großteil früh genug mit Schiffen abtransportiert wurden und der russischen Gefangenschaft entkamen. Für Willi selbst war der Entschluß sehr bedeutend. Er wußte nicht, daß droben an der Front auf ihn die Versetzung zur Strafkompanie wartete. „Mein Verbrechen bestand darin, daß ich während meines Urlaubes 1943 an einer geheimen Versammlung der Katholischen Jugend teilgenommen hatte. Das galt als ‚Zersetzung der Wehrkraft'. Gauleiter Hofer hatte das an das Kriegsgericht gemeldet. Das alles erfuhr ich erst nach dem Krieg."

In der kleinen polnischen Stadt Thorn an der Weichsel wurden die Volksgrenadierdivisionen für den Einsatz an der Ostfront zusammengestellt – bunte Haufen aus den Resten aufgeriebener Divisionen.

Hier in Thorn hätte es den arglosen Seppl beinah „erwischt". Weil ihm die ausgehungerten russischen Gefangenen, die auf der Straße arbeiteten, leid taten, verteilte er seelenruhig Brot an die armen Teufel, die gierig danach griffen – bis der strenge „Aufseher" es bemerkte und den Seppl sofort anzuzeigen drohte. Daß er es nicht tat, verschonte auch den Seppl vor der Strafkompanie.

Am 20. Juli 1944 – wer könnte dieses denkwürdige Datum vergessen – Alarm um 2 Uhr in der Nacht. „Alles antreten, der Führer spricht." Hitler wollte durch seine Ansprache beweisen, daß er nach dem Attentat auf der Wolfsschanze bei Rastenburg am Leben geblieben war", erzählt uns Willi Wolf. Und weil Graf Schenk von Stauffenberg leider standrechtlich erschossen wurde und Hitler nicht schon am 20. Juli 1944 in der Hölle endete, mußten noch Hunderttausende von Soldaten und Zivilisten das Leben lassen.

Die Russen waren schon bis Schaulen westlich von Riga in Litauen vorgedrungen. In Warputenai – hinter der Front – wurde der Hauptverbandsplatz eingerichtet, in dem die drei Sanitäter „Tag und Nacht" arbeiteten. Seppl war schon ein wichtiger Mann, er hatte das Operationsteam unter sich. Der Stabsarzt schätzte ihn sehr, weil er weitaus schneller die Operationsnadeln einzufädeln verstand als die Ärzte selbst. Auch das Zunähen der Wunden überließ der Stabsarzt gern dem Seppl. Seine ruhigen Schneiderhände waren gefragt. Seppl arbeitete wie eine Maschine, Tag und Nacht. Nichts konnte ihm seine Ruhe und seinen Humor rauben. Fast nichts! Einmal aber wurde er fuchsteufelswild. „Stabsarzt Schmidt war, wenn die Arbeit drängte, oft nervös und jähzornig. Wenn die Skalpelle seiner Ansicht nach zu wenig scharf waren, warf er sie wie ein Messerwerfer an die Wand, wo sie steckenblieben. Als schon einige Skalpelle die Wand verzierten, schrie er mit dem Seppl und machte ihn verantwortlich. Da wurde es dem Sepp zuviel. Er warf alles hin, stürmte durch die hohe Tür und knallte sie zu. Ich erschrak natürlich", erzählt uns Willi Wolf, „und ich sagte zu Sepp: ‚Mensch, Sepp, jetzt bist aber fällig, das kann als Meuterei an der Front ausgelegt werden.' Seppl schimpfte trotzdem weiter über den ungerechten Stabsarzt. Nach wenigen Minuten kam dieser aber aus dem Operationsraum, legte seinen Arm um Seppls Schulter und holte ihn wortlos zurück in den Operationsraum. Damit war die Sache erledigt."

Daß damals, bereits Ende 1944, nicht nur der Sanitätstrupp, sondern die gesamte Kompanie, in der Seppl, Willi und Leo dienten, geradezu üppig verpflegt wurde, hatte seine Gründe. Die Bauern in Litauen vermißten schon jahrelang eine ärztliche Betreuung. Der Sanitätstrupp, vor allem die Stabsärzte, behandelten die Zivilbevölkerung genauso wie die eigenen Soldaten und die gefangenen Russen. Als Dank für die Behandlung verschenkten die damals noch begüterten Bauern Butter, Brot, Käse und Hühner. „Oft", erzählt uns Willi Wolf, „konnte unsere Feldküche an jeden Kompanieangehörigen eine ganze gebratene Henne austeilen. Auch unsere Verwundeten wurden bestens verpflegt."

Im Spätherbst 1944, als der Führer zum Endsieg aufrief, wurde Seppl zum Unteroffizier befördert. Das war ein Riesenfest für die Kompanie. Über Sepp steht folgendes in den Aufzeichnungen des Professor Wolf: „Alle haben den Sepp mögen. Wo er war, gab es eine Hetz. Mit dem Sepp haben alle gelacht. Frohe Stimmung ist für den Soldaten an der Front so notwendig wie die Verpflegung. Sepp wird gar nicht gemerkt haben, daß er viele mit seiner Fröhlichkeit aufgerichtet hat – auch mich. Auch die Gefahren konnten Sepp nicht erschüttern. In den schlimmsten Situationen, bei Granateneinschlägen habe ich ihn nie nervös oder ängstlich gesehen. Für ihn war immer alles selbstverständlich. ‚Schau, andere denken bei Gefahren an ihre Eltern, an Frau und Kinder, an ihr Haus. Das alles hab ich nicht. Warum soll ich Angst haben?‘ “

Flucht

Im Oktober begann der Großangriff der Russen, gleichzeitig wurde der Befehl zum Rückzug ausgegeben. Verwundete wurden abtransportiert, Sanitätskraftwagen mit wertvollem Sanitätsmaterial vollbeladen, und dann begann der Marsch zurück. Willi Wolf erzählt uns, daß aus den Wäldern bereits die russischen Panzer auf sie zukamen, als ein Wagen mit einem Arzt abstürzte – daß der Arzt aber trotz des Panzerfeuers noch vor dem Absturz ein Mädchen in den Sanitätswagen aufgenommen hatte, das in den Geburtswehen lag. Das Kind wurde gesund zur Welt gebracht. Die Kompanie war aufgesplittert. Trotzdem konnte in Telsche, das Tag und Nacht bombardiert wurde, eine Sanitätsstation aufgebaut werden, in der Sepp, Willi und Leo – zusammen mit den Ärzten – fast pausenlos arbeiteten. Sepp war erster Operationsgehilfe und dachte nicht daran, etwa zu rasten. Er versorgte die „nach hinten“ geschickten Verwundeten mit Verbänden und Medikamenten, band ihnen alles Nötige auf die Brust, damit sie überleben konnten. Telsche stand dauernd unter dem zermürbenden Bombenhagel. Trotzdem wurden auch Zivilisten operiert und versorgt. Leo erinnert sich, daß sie auf die Bitte eines Buben, seiner Mutter zu helfen, weit bis ans Ende des Ortes gerannt waren und unter ständiger Bombengefahr die verwundete Frau bis in das Sanitätshaus brachten, wo sie operiert werden konnte. Menschlichkeit während eines grausamen Krieges. Aber auch dieser Krieg zeigte – wie jeder Krieg – vor allem sein häßliches Antlitz. Die Russen standen bereits in den Wäldern vor Telsche. Was sich bewegte, wurde mit Panzergranaten beschossen.

Die Verwundeten waren notdürftig versorgt hinter die Front geschickt worden. Nur die Sanitäter hatten noch in Telsche auszuharren, weil es ein Befehl so wollte. Trotzdem wartete man weitere Befehle nicht ab. Es war höchste Zeit, Telsche zu verlassen, bevor die Russen zum Sturm antraten. Auch drei Mädchen hatten im Sanitätskeller Schutz gesucht. Sie baten Sepp, Leo und Willi, sie mitzunehmen – und die drei versuchten es. Willi erzählt: „Als alte Hasen wußten wir, daß eine russische Pak (Panzerabwehrkanone) drei Sekunden zum Nachladen braucht. So vereinbarten wir: Sobald es gekracht hat, läuft der erste über die Straße, nach dem zweiten Schuß der zweite und dann der nächste. Sepp war – wie immer – der erste, dann kam ich, und Leo sollte den Mädchen sagen, wann sie laufen müßten. Sie getrauten sich aber nicht nachzukommen. Sie weinten, Leo schrie sie an, hat sie gerempelt, gestoßen… es half alles nichts. Die Mädchen blieben weinend zurück. Sicher hatten sie ein schweres Schicksal zu tragen in der folgenden Nacht. Arme Mädchen."

Die drei Freunde flohen, mit ihnen und anderen Soldaten Hunderte von Zivilisten, jede Minute, bei Tag und bei Nacht von russischen Fliegern bombardiert und beschossen. Leuchtkugeln verfolgten ihren Weg. Als sie plötzlich auf einem weiten, ebenen Feld angelangt waren, staunten sie, daß weit und breit niemand mehr zu sehen war. „Weit vor uns hörte man Fahrzeuge, ohne Licht. Dort mußte eine Rollbahn sein. Da hören wir ein Rufen, ahnen aber nicht sofort, daß der Ruf uns gilt. Erst später verstehen wir die Worte: ‚Ihr seid in einem Minenfeld!' Wie angenagelt bleiben wir stehen. Was tun? Es waren noch etwa 300 m bis zum Rollfeld. Der Boden war sandig. Jeder mußte also 100 m ‚übernehmen', dem Alter nach, Sepp zuerst, vorsichtig mit den Fußspitzen auftreten, dann erst den ganzen Fuß in den Sand setzen, den Schritt gut markieren. Jeder Schritt konnte den Tod bedeuten. Es waren endlos lange, höllische Minuten. Die Nacht war kalt, aber jeder, der die 100 m hinter sich hatte, war naß vor Schweiß, Angstschweiß! Später, wenn wir uns an diese Nacht erinnerten, redeten wir von unserem ‚Eiertanz'", erzählt uns Willi Wolf. Nach der überstürzten Auflösung in Telsche fand die Kompanie wieder zusammen und wurde auf einem Fährschiff auf die noch feindfreie Kurische Halbinsel übergesetzt. Vom Westen her griffen die Flugzeuge der Alliierten an, im Rücken standen die Russen. Aber die Halbinsel war noch frei von Feinden. Also wieder Flucht! Da entdeckten die drei ein großes Schiff, das am Strand des Haffs stand und sich vor andrängenden Passagieren kaum wehren konnte. Soldaten, Offiziere und Zivilisten drängten sich auf das Schiff, in der Hoffnung, schneller aus der Kriegszone zu kommen. Auch Seppl wollte auf das Schiff. Er hatte sich schon bis auf die Brücke vorgekämpft, als Leo und Willi es schon aufgegeben hatten, ihm zuzureden, nicht auf das Schiff zu gehen, weil das ja als Fahnenflucht ausgelegt werden könnte. Seppl aber meinte, daß ja auch Offiziere auf dem Schiff wären. Leo und Willi gingen, etwas verärgert über die Sturheit des Sepp, zurück vom Strand und hofften, daß ihnen Sepp doch noch nachkommen würde. Er kam. Sepp schimpfte zwar noch eine Weile, beruhigte sich aber bald einmal. „Als sich unsere Kompanie wieder gesammelt hatte", erzählt Willi Wolf, „wurde ein Divisionsbefehl verlesen. Ein Schiff mit Soldaten und Offizieren an Bord sei, von der Kurischen Halbinsel kommend, vor Kranz nahe Königsberg gestoppt worden. Alle Soldaten und Offiziere habe man wegen Fahnenflucht standrechtlich erschossen. Sepp war ein paar Stunden lang sehr kleinlaut. Wir hatten, ohne es geahnt zu haben, sein Leben gerettet."

Die tote Stadt

Die nächsten Wochen waren für die drei Freunde und die Sanitätskompanie Wochen der Flucht, der Angst vor den bedrohlich nahen Russen, vor den Fliegerbomben und Pakgranaten, aber auch Wochen der aufopferungsvollen Sanitätsarbeit für die Verwundeten, von denen nur noch die dringendsten Fälle versorgt werden konnten.

Die Russen standen bereits vor Tilsit, auf der Nordseite der Memel. Tilsit, die blühende Stadt, mußte innerhalb von zwei Stunden geräumt werden. Die Stadt war menschenleer, eine Totenstadt, Geschäfte, in denen noch alles zu haben war, Wohnungen, voll mit schönen und gepflegten Möbeln, aber ohne Menschen. Für Nachschub war also gesorgt. Die Soldaten holten aus den Geschäften, was sie brauchten. Nicht nur die Deutschen, auch die Russen kamen während der Nacht nach Tilsit, um ihre Reserven aufzufüllen. Die Trupps gingen sich aus dem Weg, als wollten sie in ihrem Tun nicht gestört werden. Sepp gab den „Organisatoren" genaue Listen mit, er brauchte Verbandsmaterial, Pillen, Pflaster für „seine" Verwundeten. Es war bereits Dezember 1944, also nur wenige Monate vor Kriegsschluß. An den Endsieg glaubte keiner mehr. Die Hoffnung heimzukommen hatten die meisten schon aufgegeben. Dort, in Heinrichswalde, wo man im Pfarrhaus die Operationssäle eingerichtet hatte und wo Ärzte und Sanitäter bis zur Ohnmacht arbeiteten, erlebten Willi, Leo und Sepp die eindrucksvollste Weihnachtsfeier ihres Lebens. Lassen wir Sepp erzählen: „Weihnachten kam nahe. Alle Köche und Bäcker wurden abgestellt, um das Fest würdig vorzubereiten. ‚Eingekauft' wurde natürlich in Tilsit. Im reichen Ostpreußen hat es damals noch viel mehr gegeben als in der Heimat. Der große, halbrunde Pfarrsaal wurde zum Weihnachtsfestsaal umgestaltet. Zwei hohe Christbäume, märchenhaft geschmückt, standen drin, Polstersessel, von der Stadt zusammengetragen, boten uns allen Platz. Eine ganze Reihe Weinflaschen standen für jeden bereit. Zuerst feierten wir in der nahen Kirche eine Weihnachtsandacht. Danach wurden im Festsaal die Kerzen angezündet, und unser Chef hat das Weihnachtsevangelium vorgelesen. Das hätten wir ihm gar nicht zugetraut. Er hat dann noch eine kurze Ansprache gehalten. Ob er vom Endsieg gesprochen hat, weiß ich nicht mehr, eher nicht. Dieses Wort hat er sicher vermieden. Es wurden mehrstöckige Torten angeschnitten – und es wurde viel getrunken. In unserem Galgenhumor trank so mancher von uns über den Durst, so mancher ist vom Polstersessel auf den Teppich gesunken. In den Gräben vor dem Ort hielten unsere Wachen die ruhige Front. Auch ihnen haben Kameraden mehr zu trinken gebracht, als erlaubt war …"

Die trügerische Stille dauerte bis zum 18. Jänner 1945. Großangriff der Russen. Donnergetöse, eine Riesenfeuermauer näherte sich – erneute Flucht. Alle Verwundeten konnten noch auf Sanitätsschiffe gebracht werden, die versuchten, über die Ostsee einen dänischen Hafen zu erreichen. Wie wir wissen, wurden viele der Schiffe versenkt. Einige Verbandsplätze wurden eingerichtet, mußten wieder aufgelassen werden. Trotzdem konnten die Sanitätstruppen mit ihren Ärzten noch Hunderte von Soldaten retten. Schließlich landeten die drei auf einem Verbandsplatz, am Beginn der Frischen Nehrung, jenem Landstrich, der sich 110 km durch die Ostsee bis Danzig zieht. Über das zugefrorene Haff wollten viele Soldaten der geschlagenen und fliehenden deutschen Truppen auf die rettende Nehrung hinüber. Die Eisdecke brach unter dem ständigen Bombenhagel ein. Tausende Soldaten ertranken. Die Verwundeten wurden mit Lastwägen zum Verbandsplatz gebracht und dort wie Bauschutt abgekippt. Willi hatte die Aufgabe, diejenigen auszusondern, die noch für eine Notoperation in Frage kamen. Das Frage-und-Antwort-Spiel verlief ernüchternd traurig. „Was hast du?" – „Bauchschuß." – „Wann ist es passiert?" „Vor zwei Tagen." Für so einen Fall gab es nur noch eine Morphiumspritze. Der nächste …

Sepp arbeitete mit den Ärzten und anderen Sanitätern wie ein Besessener. Granatfeuer, Bombenlärm, ja selbst von den Decken stürzender Mörtel, zersplitternde Fensterscheiben konnten sie von ihrer Operationsarbeit nicht abhalten. Stille Helden!

Von hier ging es nach abenteuerlicher Flucht in einem halb zerschossenen, alten Lastwagen über tote Soldaten, die mitten auf der Straße lagen, bis nach Pillau, dem alten Kriegshafen. Von Pillau, wo die Frische Nehrung unterbrochen ist, damit die Schiffe ins Haff einfahren können, wurde die Kompanie auf die Nehrung übergesetzt. Ausgerechnet die drei Österreicher, so befahl es der Herr Hauptfeldwebel, hatten als „Nachkommando“ in Pillau zu bleiben. Daß die drei aus einem Haus in Pillau, in das bereits die Russen eingedrungen waren, noch aus dem Kellerfenster fliehen konnten und trotz des russischen Gewehrfeuers bis zum Hafen hinunter kamen, verdanken sie dem lieben Gott, der seine schützende Hand über die „Ostmärker“ hielt. Ihre Schutzengel bewährten sich auch dann, als sie am Hafen kein Schiff, keine Fähre, kein Boot mehr hatten, um auf die Nehrung zu kommen, und von einigen beherzten Männern und Frauen, die sich ein Holzfloß gebaut hatten, mitgenommen und unter dauerndem Beschuß der Russen, die bereits am Ufer standen, doch noch die Nehrung und ihre Kompanie erreichten.

Bevor die drei Freunde das Ufer von Pillau verlassen konnten, hatten sie ein Erlebnis, das von furchtbarer Tragweite sein hätte können.

Lassen wir Willi Wolf erzählen: „Südlich des Hafens fallen steile Felswände ins Meer ab. Der ‚Alte Friedrich‘ hatte damals wahrscheinlich Munitionsbunker bauen lassen. In diesem Krieg war ein großes Heeresverpflegungslager in diesen Bunkern bombensicher untergebracht – natürlich noch voll. In der Eile konnte es nicht mehr geräumt werden. Die Tore waren offen. ‚Da holen wir uns noch etwas Schokolade oder Getränke‘, dachten wir. Als wir schon ein Stück im Bunker waren, kam uns ein Zahlmeister entgegen, die Pistole auf uns gerichtet. ‚Hinaus, hinaus!‘ schrie er. Wir sagten ihm, daß hinter uns ja gleich der Iwan käme. Er blieb beim ‚Hinaus!‘. Sechs Jahre später (1951) lese ich in der Zeitung, polnische Arbeiter hätten bei Aufräumungsarbeiten in einem Bunker des Kriegshafens Pillau unterirdisches Klopfen gehört und dann wegen vermutlicher Geister die Flucht ergriffen. Bei weiterem Graben habe man ein gewaltiges Verpflegungslager des letzten Krieges – und zwei zerlumpte, bärtige Gestalten entdeckt. Der eine brach sofort zusammen und starb, der zweite konnte noch in ein Spital gebracht werde, wo er erzählte, was geschehen war. Er hatte sich in den letzten Kriegstagen mit vier anderen Soldaten ins Verpflegungslager geschlichen. Sie wurden von niemandem bemerkt. Später wurde das Lager gesprengt. Weil sie in einem hinteren Raum waren, überlebten sie die Sprengung. Nach anfänglichen Rettungsversuchen hatten sie aufgegeben. Sie hatten zu essen, viel Alkohol zu trinken, aber nur wenig Wasser. Drei starben im Bunker, sie wurden unter Mehl begraben, die letzten zwei nach ihrer Entdeckung. Diese Nachricht ging uns unter die Haut. Hätte uns der Zahlmeister nicht entdeckt, wäre uns wohl ein trauriges Schicksal beschieden gewesen. Damals war nur wenige Minuten nach unserem Hinauswurf die Detonation der Bunkersprengung in weitem Umkreis zu hören."

Suspekt

Als die drei endlich ihre Kompanie fanden, die sich in einem Sandbunker notdürftig geschützt hatte, ließ sie der Hauptfeldwebel nicht in den Bunker, weil sie nicht mitgebaut hatten. Kriegskameraden! Die drei biwakierten im Freien, in notdürftig schützenden Sandgruben, die sie sich schnell ausgeschaufelt hatten. Sie waren scheinbar Ausgestoßene. Ostmärker! Weder sie noch der Hauptfeldwebel wußten, daß die Russen bereits in Wien einmarschiert waren und Österreich daranging, eine provisorische Regierung zu bilden. Am 27. April, nachdem die drei in ihren Splitterlöchern die Nacht heil überlebt hatten, kam ein freundlicher Herr zu ihnen, den „Ausgestoßenen", und betete mit ihnen, sitzend an einen Föhrenbaum gelehnt, sein Tagesbrevier. Es war der Theologieprofessor Dr. Josef Kramer, der an der Innsbrucker Universität gelehrt hatte. Nachdem er ruhig mit den drei Freunden das Brevier gebetet hatte, sank er zusammen und starb. Im Hinterkopf steckte ein Granatsplitter. Es nützte nichts, daß ihn die drei Kameraden durch den Bombenhagel hindurch zum Friedhof trugen, sie mußten ihn vor dem Tor, wo bereits Hunderte von Leichen auf ihre letzte Ruhe warteten, liegen lassen.

Das war am 27. April, an jenem Tag, an dem bereits die österreichische Regierung anerkannt und die österreichische Republik unter Dr. Karl Renner wiedererstanden war. Der Krieg ging trotzdem noch weiter – auch für die Österreicher. Man hatte einen neuen Hauptverbandsplatz am westlichen Ende der Frischen Nehrung errichtet – und brauchte die „Ausgestoßenen" wieder, Unteroffizier Reinalter im Operationsteam, Willi Wolf in der Aufnahme, Leo als Sanitäter. Sie arbeiteten wieder Tag und Nacht. In der Nähe des Verbandsplatzes waren auch die „Kettenhunde" untergebracht, jene Männer, die die furchtbare Aufgabe erfüllten, Soldaten, die ohne Befehl zurückgegangen waren oder ohne Waffen angetroffen wurden, sofort zu hängen. Die Feldgendarmerie kam ihren Pflichten auf brutale Weise nach. „Es hingen schon so viele an den Bäumen, daß sie kaum mehr einen freien Platz gefunden haben", erzählt uns Willi Wolf.

Daß Willi und Sepp ihr Leben für andere aufs Spiel setzten, ohne Kampf, aber mit viel moralischem Einsatz, das lassen wir Willi Wolf erzählen: „... es gab viele Verwundete, die auf dem Verwundetenzettel das Wort ‚Suspektio' stehen hatten. Es waren jene, die sich selbst verstümmelt hatten, um aus dem Hexenkessel herauszukommen und dann mit einem der Verwundetenschiffen nach Dänemark gebracht zu werden ... die meist jungen, oft fünfzehnjährigen(!) Kameraden hatten keine Ahnung, daß man so einen Nahschuß durch die Pulverschwärzung sofort feststellen konnte. Die Truppenärzte hatten den Geheimbefehl, alle Selbstverstümmler mit dem Vermerk ‚Suspektio' zum Hauptverbandsplatz zu schicken, wo sie der Feldgendarmerie übergeben werden mußten – zum Aufknüpfen. Als ich den ersten Verwundeten mit dieser Aufschrift sah, riß ich sofort den todbringenden Zettel herunter und schrieb auf einen neuen: ‚Durchschuß durch die linke Wade.' Das tat ich dann bei allen, die mir unterkamen. Wenn sie Glück hatten, kamen sie noch am gleichen Tag auf ein Sanitätsschiff... Es waren oft zehn solcher Fälle an einem Tag. Da erwischte mich der Unteroffizier Reinalter, der für unseren Sanitätstrupp verantwortlich war, beim Auswechseln eines Zettels. ‚Was tust du da, Willi?' Ich erklärte es ihm. ‚Wenn sie dich erwischen, hängst am nächsten Baum – und ich mit dir.' Mit einem Handschlag beschlossen wir, mit der gebotenen Vorsicht das Ganze fortzusetzen. Und wir taten es bis wenige Tage vor Kriegsschluß." Die beiden hoffen noch heute, daß möglichst viele der jungen Burschen Dänemark erreicht haben.

Am 7. Mai 1945 mußte der Hauptverbandsplatz aufgelöst werden. Die Soldaten hatten sich in der Nähe Danzigs am Ufer zu versammeln. Ein Schiff würde sie in der Nacht aus dem Kessel bringen. Das Schiff kam nicht, dafür aber die Nachricht, daß die deutsche Wehrmacht kapituliert hatte. Der Krieg war aus. „Alle blieben bei dieser Nachricht still. Jeder wußte, jetzt gab es kein Entrinnen mehr", erzählt Willi Wolf, „trotz des Waffenstillstandes wurden wir bis 10 Uhr vormittags bombardiert, dann kamen russische Kraftfahrer und sammelten alle Uhren ein, die Waffen waren ihnen weniger wichtig. Unsere Einheit bekam den Befehl, zum Hauptverbandsplatz zurückzukehren und weiterzuarbeiten – unter russischem Kommando. Sepp hatte große Mühe, alle zu überreden, wieder zu arbeiten. Es sei ja Kriegsschluß, meinten sie. Sepp aber erklärte ihnen, daß es um das Wohl der eigenen Kameraden ging, und so ging die Arbeit noch ein paar Tage weiter, als ob nichts geschehen wäre.

Vom russischen Oberkommandanten kam dann der Befehl, sich zum Abmarsch fertigzumachen. Sepp, der sich mit Medikamenten und Spritzen gut auskannte, hatte die Idee, daß wir uns gegen alle Krankheiten impfen sollten, die uns in der Gefangenschaft treffen könnten. Wir taten es und nahmen auch Medikamente mit. Es ging etwa 100 km durch die Frische Nehrung zurück. In Gegenrichtung kamen die wüsten und unordentlichen Haufen der Sieger, teilweise schlitzäugige Einheiten, die man an die vorderste Front geschickt hatte. Nachdem man uns auf das Festland übergesetzt hatte, wurden wir in einem riesigen Fabriksgelände in Braunsberg zusammengetrieben. 30.000 Soldaten sollen dort gewesen sein. Kahlgeschoren warteten wir auf den Abtransport in die Gefangenschaft."

Die Hoffnung der Österreicher, die kurz aufkeimte, vielleicht doch noch heimgeschickt zu werden, erfüllte sich nicht.

Mit dem Seppl feiern alte Freunde: V. l.: Heini Messner, Karl Schranz, Dr. Sepp Sulzberger, Frau Reinalter … *Foto: Frischauf*

… und fünf Goldmedaillengewinner: Toni Sailer, Othmar Schneider, Pepi Stiegler, Egon Zimmermann und Ernst Hinterseer. *Foto: Sündhofer*

Sepp mit dem Bruder seines Cousins Edi Reinalter (dahinter im Bild), der 1948 die Goldmedaille im Slalom gewann.

Eine tiefe Freundschaft und gegenseitige Hochachtung verbindet ihn mit Prof. Baldur Preiml.

Univ.-Prof. Dr. Ernst Raas, die „Feuerwehr" für den Sepp, wenn es gesundheitlich kriselt.
Foto: Frischauf

Auch Bertl Neumann, ehemals Starreporter des ORF, gehört zu den Freunden des Sepp.
Foto: Spang

„Alte" Förderer des „R" waren und sind Ex-ÖSV-Chef Arnold Koller und Poolpräsident Dr. Poley aus Kitzbühel.

Es verband sie beiderseitige Hochachtung. „Skipapst" Prof. Stephan Kruckenhauser (†) und Sepp.

Gekrönte Häupter: Prinz Karim Aga Khan trug nicht nur Reinalterhosen, er ist auch mit Sepp befreundet, hier mit Trainer Hans Senger.

Sylvia, die jetzige Königin von Schweden, machte auch in Reinalterkleidung gute Figur.

Der Bruder des japanischen Kaisers und seine Tochter beim Sepp zur Anprobe.

„Wanderer" unter sich: der verstorbene Kammersänger Rudolf Schock und Sepp.

Auch Weltmeister Max Schmeling war ein Reinalter-Fan.

Ingrid Wendl: Auch sie trug „R"…

… genauso wie Trixi Schuba.

Prof. Willi Wolf: Kriegskamerad und Freund fürs Leben.

Immer zur Stelle: Kommerzialrat Franz Kneissl (†) und der legendäre Sportjournalist Toni Thiel (†). *Foto: Frischauf*

Sepp mit dem „Amerikaner" Klaus Haidegger. *Foto: Frischauf*

Sie gehörten zur Kitzbühler Garde: Ernst Hinterseer, der viel zu früh verstorbene Herbert Huber und Hias Leitner, der immer noch Cheftrainer der Tiroler ist. Foto: Frischauf

Sie halfen dem Sepp, wann und wo immer es nötig war: der verstorbene Sport-Ministerialrat Prof. Niki Mader, Dr. Klee und seine Frau Foto: Birbaumer

60. Geburtstag: *Dr. Klee hält die Festrede … … Frau Muigg wagt ein Tanzl mit Sepp…*

… und der Sohn der Familie Muigg wünscht viel Glück. Fotos: Birbaumer

Zum 60. Geburtstag am Ehrentisch. V. l.: Altbürgermeister DDr. Lugger, Frau Hansi, Sepp, Alt-Landeshauptmann-Stellvertreter Dr. Prior, Frau Hausberger, Bürgermeister Hausberger (†).
Foto: Birbaumer

FIS-Chef Marc Hodler und ÖSV-Chef Prof. Peter Schröcksnadel sind Reinalter-Fans.

Jubiläum: 25 Jahre Fa. Reinalter, 20 Jahre ÖSV-Einkleidung: V. l.: Hauser, Heli Lantschner (†), Hadi Lantschner, Hansi Hinterseer, Dagmar Rom, Hubert Berchtold, Seppl Reinalter, Alfred Matt, Ricki Mahringer, Pepi Pechtl, Monika Kaserer und Egon Schöpf. Foto: Frischauf

Zum 65. Geburtstag: Präsident Koller spricht für seinen Freund Sepp. Foto: Frischauf

Zum 70. Geburtstag gratuliert: DDr. Lugger.

Mit Sepp freuen sich: V. l.: Ricki Mahringer, Thea Hochleitner, Martin Strolz, Inge Wersin-Lantschner, Hadi Lantschner, Dagmar Rom, Christl Pravda, Heli Lantschner (†). *Foto: Frischauf*

V. l.: Franz Weber, Christl Haas, Hubert Neuper, Edith Zimmermann, David Zwilling, Walter Schuster, Sepp Walcher (†), Bubi Bradl (†), Armin Kogler, Dr. Peter Baumgartl, Prof. Baldur Preiml, davor Hadi Lantschner, Heidi Zimmermann und Heli Lantschner (†). *Foto: Frischauf*

Sepp als Firmpate mit dem Neffen Heinz Fechner…

…und mit dem kleinen Ulli Spieß.

7. Gefangenschaft

Nach Sibirien

Der Krieg hatte den drei Freunden sein häßliches Antlitz gezeigt. Sepp hat mir erschütternde Erlebnisse erzählt, die beweisen, daß scheinbar normale Menschen im Krieg zu Bestien werden können – und dabei nicht nur die Soldaten der ehemaligen Feinde. Jetzt, in der Gefangenschaft, wurde das häßliche Antlitz des Krieges zur widerlichen Fratze, die die Gefangenen höhnisch begleitete und ihnen jahrelang auflauerte, um sie doch noch unter die Erde zu bringen.

Der Traum von der Heimreise war ausgeträumt. 110 Mann in einem Lastenwaggon zusammengepfercht, ohne Decken, ohne eine Einrichtung zum Austreten, hoffnungslos und tief deprimiert, so ging die Fahrt mit vielen Unterbrechungen nach dem Osten. Als sie nach vierzehn Tagen durch die Ritzen des vernagelten Waggons Berge sahen, wußten sie, daß Sibirien vor ihnen lag. Nach drei Wochen hielt der Gefangenenzug endgültig an. Das Ziel war erreicht. Es hieß Krasnoturinsk und lag am westlichen Rand der sibirischen Sümpfe.

Sepp verlor auch in den trübsten Tagen seines Lebens kaum einmal seinen Humor, erzählen seine Freunde. Aber über die Zeit der Gefangenschaft spricht er selbst nur wenig. Er möchte diese Jahre vergessen. Seine Freunde, vor allem Willi Wolf, sind mitteilsamer. Über die Ankunft im sibirischen Gefangenenlager und ihre „Norm" erzählt er uns folgendes: „In einem großen Halbkreis standen GPU-Polizisten mit Gewehren und aufgepflanzten Bajonetten vor unseren Waggons. Jeder Gefangene wurde einzeln herausgeholt und ‚gefilzt'. Das heißt, es wurde ihm alles weggenommen, was die Polizisten brauchen konnten, Stiefel, Schuhe, selbst Socken, wenn sie noch nicht zerrissen waren, vielen blieb überhaupt nur noch die verschmutzte Unterhose. In

Fünferreihen ging es dann durch die Straßen der Stadt. Ein armseliger Haufen halbnackter, gedemütigter, hungernder Soldaten. Steine und Dreck wurden auf uns geworfen. ‚Nemetzky kaput' schrien die Menschen."

Die Gefangenen wurden in einem Lager in weiß gestrichenen Baracken untergebracht, in denen ein Heer von Wanzen auf sie wartete, sie wurden mit nicht mehr verwendeten Uniformfetzen der russischen Armee eingekleidet und schon am nächsten Tag zur Normarbeit verpflichtet. Die Arbeit begann jeweils um 5 Uhr früh. Wer die Norm nicht schaffte, es waren gefällte Bäume aufzuarbeiten, nachdem man sie aus dem Boden gegraben hatte, bekam nach zehn Tagen nur noch einen winzigen Schöpfer Wassersuppe. Wem das passierte, der war dann bald so geschwächt, daß er ein zweites Mal versagte und in der Baracke der „Distrophika" (Menschen aus Haut und Knochen) landete. Von dort war der Weg ins Jenseits oft nur ein kurzer, ein Weg, den sich so mancher Geschundene ersehnte.

Die drei Freunde waren immer noch zusammen in einer Baracke und in einer Arbeitsbrigade. Sie wechselten bald vom Holzen zur Steinbrucharbeit. Pro Mann und Tag mußten elf Kipploren händisch geladen und dann zur Brechmaschine auf einen Hügel geschoben werden. Wer dazu nicht stark genug war, konnte die Arbeit zu zweit erledigen, dann aber wurden aus den elf Kipploren zweiundzwanzig!

Viele der ehemaligen Gebirgsjäger, meistens Österreicher, überlebten die Torturen der Gefangenschaft nicht. Sepp, Willi und Leo kamen mit ihrer Norm zurecht, wenn auch oft mit der allergrößten Anstrengung. Dann allerdings mußten auch die drei Tiroler aufgeben. Es wäre mit Pickel und Schaufel Fels abzugraben gewesen. „Manchmal brachte man an einem Vormittag so wenig Stein weg, daß man die kleinen Stücke in ein Kochgeschirr hätte füllen können", erzählt Willi. Aber sie hatten einen „Meister" – so wurden die Aufseher genannt –, einen Wolgadeutschen, der ihnen half. Es gab auch „Menschen" in den Gefangenenlagern. „Damit wir die nächsten Tage doch einen großen Schöpfer Wassersuppe bekommen würden und ein Stückchen Kleiebrot dazu, meldete er weiter, daß wir die Norm erfüllt hätten, bis eines Tages eine Kommission kam und Vermessungen vornahm. Am nächsten Tag war ‚Meister Ferdinand' verschwunden. Wir hörten nie mehr etwas von ihm."

Wahres Heldentum

Die Kriegsgefangenen in Sibirien wurden auch als Holzfäller eingesetzt. Das Leben im Wald war hart, die Norm nur mit größter Mühe zu erreichen. Zu zweit – Sepp arbeitete mit Willi zusammen – hatten sie täglich einige Kubikmeter Nutzholz zu schlagen, die Stämme mußten 4 m lang sein, Äste mußten verbrannt und der Boden gesäubert werden. Sepp arbeitete wie ein Tier, und Willi war der „Techniker". Beide erreichten die Norm, ab und zu wurden sie sogar „Rekordisten", sie hatten dann über die Norm gearbeitet. Für später sollte das ein großer Vorteil sein. Viele der Gefangenen aber wurden durch Hunger und die übermäßige Arbeitsleistung geschwächt und krank. Das Mittagessen bestand in einem Schöpfer Suppe, wenn man das gekochte Sumpfwasser, in das für 150 Mann etwa 3 kg Hirse geschüttet wurden, als Mittagessen gelten läßt. „Immer mehr Kameraden bestanden nur noch aus Haut und Knochen", erzählt uns Willi Wolf. „Die Knochenmühle, so nannte man das Lager, begann zu wirken. Das Sterben nahm zu. Für halb Verhungerte wurden auf Geheiß einer GPU-Ärztin kleinere Normstufen festgesetzt. Die Männer mußten sich nackt aufstellen, umdrehen und die Gesäßmuskeln betasten lassen. Durch Erfahrung hatten die Russen gelernt, daß die Gesäßmuskeln die letzten Muskeln sind, die vom hungerleidenden Körper abgebaut werden." Nach einigen Monaten im Wald war es auch bei Willi Wolf soweit. Er brach zusammen. Sepp legte ihn neben ein Astfeuer, vielleicht würde er sich erholen. Willi aber war schon den ganzen Nachmittag lang zeitweise bewußtlos. „Erinnern kann ich mich noch an den Sonnenuntergang“, schreibt er, „dabei dachte ich, die Sonne siehst du jetzt zum letzten Mal. Als sich die Brigade zum Heimmarsch aufgestellt hatte und vom Natschalnig (Chef) der Befehl ‚Dawei‘ (Marsch) gekommen war, zog ein hinterer Wachposten seine Pistole und setzte sie mir an den Kopf. Halbtot durften sie mich nicht liegenlassen. Das sah Sepp. Er sprang aus der Reihe, obwohl er wußte, daß ihn deshalb jeder Posten niederknallen durfte. Das hatten wir schon ein paarmal erlebt. Sepp schrie den Russen an, daß er und seine Kameraden mich nach Haus tragen wollten. Dafür gab es nur ein ‚Njet‘. Sepp kümmerte sich nicht drum. Er zog seinen Mantel aus und baute mit zwei Ästen, so schnell er konnte, eine Behelfstrage. Nun schauten die Russen interessiert zu und wollten sehen, wie die Nemetzky das machen würden. Obwohl der Posten seine Pistole immer noch schußbereit hielt, sprangen noch drei weitere Kameraden aus der Reihe, darunter auch Leo, um mich zu tragen. Mit mir stellten sie sich wieder in die Reihe. Bis ins Lager waren es 17 km. Sie waren bereit, mich den langen Weg zu tragen.“ Gottlob stand da nach wenigen Kilometern eine leere Draisine. Nach längerer Diskussion willigten die Posten ein, daß Willi auf der Draisine ins Lager geführt werden durfte. Nach wenigen Tagen hatte er sich erholt. Es ist kein Wunder, daß Willi und Sepp Freunde fürs Leben geworden sind. „So eine mutige Tat kann man ein Leben lang nicht vergessen“, sagt Willi.

Warum man den Seppl und seinen Freund Willi damals nicht erschossen hat, weiß Sepp heute noch nicht. Er ahnt es aber. Die Russen hatten inzwischen entdeckt, daß Seppl nicht nur ein guter Waldarbeiter, sondern auch ein passabler Schneider war. Er hatte begonnen, auch den Wachposten die Uniformen auszubessern, die Hosen zu flicken, die Achseln zu heben – vielleicht also war den Posten eine schöne Uniform lieber als ein toter Schneider. Nur das Werkzeug zu beschaffen war eine Schwierigkeit. An eine Schere war nicht zu denken, Sepp arbeitete mit einem selbstgefertigten Messer. Es gab auch fähige Schlosser im Zug, die aus einem Stückchen Draht mit geradezu künstlerischer Fertigkeit eine Nadel fabrizieren konnten. Und der Faden? „Einige von uns waren auch in einer Fabrik beschäftigt“, erzählt uns Willi, „wenn man an ein laufendes Förderband seitlich einen scharfen Gegenstand andrückte, dann hat es aus dem Gummi dünne Fäden herausgerissen. Der Tischler Hansi war da Fachmann und hat Sepp mit Faden versorgt.“

Und weil Handwerk doch einen goldenen Boden hat, wurde Sepp, der schon während der Zeit, als auch er seine Norm zu erfüllen hatte, die Wachposten mit seiner Schneiderkunst beeindruckte, zum Zugsführer ernannt. Er war also ein „hohes Tier“. Weil Sepp ganz und gar nicht bereit ist, über die Jahre in der Gefangenschaft zu erzählen, gerade diese Jahre aber über ihn so viel aussagen, lassen wir wieder seinen Freund Willi zu Wort kommen: „Sepp mußte selbst nicht mehr arbeiten, war aber für die Leistung seines Zuges verantwortlich. Das konnte auch ein gefährlicher Posten sein. Aber der Sepp hat das gut geschaukelt. Durch seine Schneiderarbeiten – oft bis tief in die Nacht hinein (!) – machte er die Posten gefügig, den Leuten vom Reinalterzug immer hundertprozentige Normleistungen zu bestätigen. Es war sein größter Ehrgeiz, alle in seinem Zug heil nach Hause zu bringen. Das ist ihm auch gelungen. Er war ein Gerechtigkeitsfanatiker. Bei der Suppenausgabe etwa, die ein Wiener über hatte, beobachtete Sepp folgendes: Wenn ein Wiener sein Geschirr hinhielt, schöpfte der Mann aus der Tiefe des Kessels, um mehr ‚Festes‘ in das Geschirr zu bekommen, und bei den Tirolern blieb er mit dem Schöpfer im oberen, wäßrigen Teil des Kessels. Da wurde Sepp fuchsteufelswild. Energisch schritt er ein.“ Weiters erzählt uns Willi über den Sepp: „In seiner Aufrichtigkeit war Sepp immer gewohnt, die ungeschminkte Wahrheit zu sagen, auch den Russen gegenüber. Das war bei den ständigen ‚Unterrichten‘ über die Wohltaten des Kommunismus mitunter auch gefährlich. Immer wieder ermahnte ich den Sepp: ‚Halt doch's Maul! Reden ist da gefährlich!' Aber der Sepp sagte auch den Russen oft unverblümt seine Meinung." Sicher hat ihm seine Schneiderkunst über manches Hindernis hinweggeholfen. Daß es wirklich gefährlich war, seine Meinung zu sagen, war bekannt. Viele Kameraden wurden unter Androhung gezwungen, ihre Kollegen zu bespitzeln und sie anzuschwärzen. Darüber schreibt Willi: „Von einem weiß ich, daß ihm nach dem dritten ‚erfolglosen' Rapport befohlen wurde, bis zum nächsten Rapport drei Gefangene zu melden. Sonst wäre er selber dran, sagten sie. So war kaum einer vor dem anderen sicher. Das war das russische System. So mancher Kriegsgefangene war plötzlich verschwunden – bis zum heutigen Tag."

Heimkehr

Es war Ende des Jahres 1947. Zweieinhalb Jahre hatten Sepp und seine Freunde in russischer Gefangenschaft verbracht – und diese Höllenjahre überlebt. Sepp hatte einen Zug von 45 Mann übernommen und sein Vorhaben, diese „seine" 45 Mann heil heimzubringen, erfüllt. Darauf ist er heute noch stolz.

Nach letztmaliger, intensiver Schulung über die Wohltaten, die ein Weltkommunismus der Menschheit bringen würde, hieß es, daß die Gefangenen „damoi" (heim) kämen. Und tatsächlich standen eines Tages die Zugsgarnituren bereit. Es waren wieder Transportwaggons, im Vergleich zu jenen vom Transport ins Lager waren sie eher komfortabel ausgestattet: mit leichter Strohauflage auf den Böden, mit einem Eisenofen zum Heizen und sogar mit einer notdüftigen Vorrichtung, die als Klo dienen mußte. Auf das alles aber achteten die Gefangenen kaum. Nur heim! Von dieser Fahrt blieben den Soldaten, sowohl dem Willi als auch dem Sepp und dem Leo einige Erlebnisse in Erinnerung. Willi erinnert sich an die Reise durch Bessarabien, das östlich von Siebenbürgen liegt. „Als wir durch ein Tal fuhren – es muß Sonntag gewesen sein – hörten wir von der anderen Talseite her Glockengeläut. Die Dörfer lagen in der Morgensonne. Viele Jahre hatten wir keine Kirchenglocken mehr gehört. Die Soldaten wurden plötzlich still. Alle horchten wir – fast andächtig. Ein Hauch von Frieden klang uns entgegen."

Doch es sollte noch ein paar Wochen dauern, bis die Männer endlich daheim waren. In Rumänien, in einem schmutzigen Barackenlager, gab es einen Zwischenaufenthalt. Sepp hielt seinen Zug wie eine Gluckhenne zusammen, kümmerte sich beim Einteilen für den Transport genauso wie beim Austeilen der immer karger werdenden Verpflegung. Im Baracken-Zwischenlager wurde der Gefangenenzug zwar mit Lebensmitteln beladen, die russische Begleitmannschaft verschacherte aber einen Großteil davon, sodaß die Heimkehrer ein letztes Mal Hunger litten. Es war für Sepp ein trauriger Anblick, als er sehen mußte, daß hungernde Männer ihren Stolz hinwarfen und während eines Zwischenaufenthaltes in Siebenbürgen vor den einheimischen Bauern niederknieten und sie um Mameluka (Türkensterz) anbettelten. Aber auch diese trüben Tage gingen vorbei.

In Wiener Neustadt betraten die heimgekehrten ehemaligen Kriegsgefangenen österreichischen Boden. Der Empfang in der Heimat war nicht so, wie es sich die nun wieder freien Männer vorgestellt hatten. Willi erinnert sich noch an die eher bedrückende Stunde. „Ein kommunistischer österreichischer Minister hielt eine Begrüßungsrede für uns. Schrecklicher als der Lagerchef in Sibirien! Er sprach von unserer Kriegsschuld. Glücklich sollten wir sein, daß wir der glorreichen Sowjetunion Wiedergutmachung leisten durften ..." Vielen der Heimgekehrten drehte es fast den Magen um, als sie sich das scheinheilige Gerede des Nachkriegsministers anhören mußten. Sollten sie wirklich glücklich darüber sein, daß sie mehr als zwei Jahre lang wie Tiere gehalten worden waren, Hunger gelitten hatten und bis zur Ohnmacht geschunden worden waren? Selbst der Speiseteller, gefüllt mit zwei großen Knödeln und wohlschmeckendem Kraut, war nur ein schwacher Trost für diesen „freundlichen“ Empfang.

Sepp kümmerte sich nicht um das Gefasel. Er hörte kaum hin. Außerdem machte die damalige Verwaltung des Landes gut, was der Nachkriegsminister an Ungerechtigkeit verzapfte. Die Heimkehrer erhielten neben guter Kost nicht nur Gutscheine für einen Anzug und ein Paar Schuhe, sondern auch noch S 300,– Bargeld. Das war doch eine große Hilfe, für die die heimgekehrten Soldaten dankbar waren. Dem Sepp war wichtig, daß er „seinen“ Zug heimgebracht hatte. Leo, der Steirer, verabschiedete sich vom Seppl und von Willi, es war ein Abschied dreier Männer, die zusammen durch dick und dünn gegangen waren, zu ehrlichen Freunden geworden waren und es geblieben sind, und die es hart ankam auseinanderzugehen. Sepp und Willi fuhren weiter nach Innsbruck. Was allen anderen aufgefallen war, nur dem Seppl selber nicht, war dessen plötzliche Stille. Der Sepp, der sonst immer ein munteres Wort auf der Zunge hatte, Verzagte tröstete wie ein Priester, mit allen lachte, wurde immer ruhiger, immer ernster. Wenn man ihn heute fragt: „Ja Seppl, warum bist denn dann plötzlich so ruhig geworden? Hast dich nicht gefreut auf Innsbruck?“, dann antwortet der Sepp: „Auf was hätt i mi denn freuen solln? I hab ja nix ghabt, koa Arbeit, koane Eltern, koa Madl, weil i ja schon jahrelang nix mehr ghört hab von ihr. Jetzt hat die Zeit wieder angfangen, wia i sie schon einmal erlebt hab. Und daran hab i denkt. Es war nit leicht, im 48er Jahr weiterz'kemmen. Und deshalb war i halt a bißl traurig.“ Ganz allein stand dann der Sepp doch nicht auf dem Innsbrucker Bahnhof, wo die Heimkehrer freundlich und mit Musik empfangen wurden. Seine Halbschwester Gusti wartete auf ihn. Ein inniges, schönes Verhältnis verbindet beide heute noch.

Daß der Sepp, der die ganzen Kriegs- und Gefangenenjahre hindurch nie seinen Mut und seinen Humor verloren hatte, auch als Zivilist seinen Mann stellen würde, daran zweifelte keiner seiner Freunde. Eigentlich auch er nicht. Sepp spuckte in seine arbeitssamen Hände, erinnerte sich an sein geliebtes Handwerk, das ihm über die schlimmsten Zeiten hinweggeholfen hatte, und arbeitete sich in harten Jahren vom Schneidergesellen bis zu einem der bekanntesten Modenmacher Tirols hinauf. Fleiß, Fleiß und noch einmal Fleiß, dazu ein guter Riecher fürs Geschäft, das waren seine Geheimnisse.

Gern gesehener und immer eingeladener Gast bei fast allen „Ski-Hochzeiten". Hier mit Harti Weirather und Hanni Wenzel...

...mit Profi-Weltmeister Andre Arnold...

...und mit dem stets fröhlichen Leonhard Stock.

Bei Feiern hat der Sepp gern die Jugend um sich. Hier beim Stanglwirt. V. l.: Nikola Spieß, Hansi Hinterseer, Heidi Zimmermann, David Zwilling, Annemarie Pröll, Heini Messner, Olga Pall, Berni Rauter, Monika Kaserer, Hans Enn, Sepp, Ulli Spieß und Leo Stock.

Der stets begeisterte Springerreporter des ORF, Peter Elsner, hier im Gespräch mit Dr. Schnabl.

Nach einem Tennismatch – mit Freund Sepp Bradl †...

... und während des Matches als gefürchteter Rückschläger.

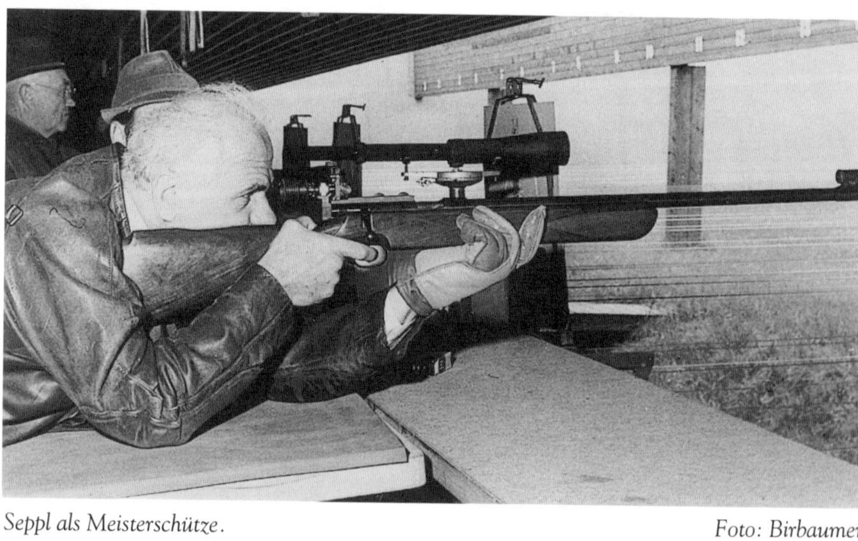

Seppl als Meisterschütze. *Foto: Birbaumer*

Den Karwendelmarsch „packte" Sepp 22mal – und bei jedem Wetter. Hier bei Sonnenschein ... Foto: Birbaumer

... fast immer war „Evita" seine treue Begleiterin...

... und hier bei Schnee und Regen. Foto: Frischauf

Ex-ÖSV-Präsident Dr. Kurt Schlick überreicht Sepp das goldene Ehrenzeichen des ÖSV.
Foto: Frischauf

Sepp erhält das Landessportehrenzeichen von LH. Wallnöfer (†). Mitte: Prof. Friedl Wolfgang (†).
Foto: Frischauf

Dr. Walter Hofbauer (Präsident des ASVÖ) steckt Sepp das goldene Ehrenzeichen an.
Foto: Murauer

Sepp inmitten seiner Ehrendiplome, auf die er mit Recht stolz ist. *Foto: Birbaumer*

Auszeichnung durch den damaligen Unterrichtsminister Dr. Gratz mit dem goldenen Verdienstzeichen der Republik Österreich. Rechts: Carlo Gruber (†). *Foto: Sündhofer*

Dir. Andreas Steiner (Ex-ÖSV-Präsident) überreicht das Ehrendiplom des Skipools Tirol. Mitte: Dr. Carol Wolf. *Foto: Birbaumer*

Sepp mit seinem geliebten Rassehund Evita, der ihn auf unzähligen Bergtouren begleitet hat.
Foto: Reichenberger

8. *20 Stunden täglich*

Im Schwazer Ladele

Auf gar keinen Fall wollte sich der Sepp – vorerst einmal – ausrasten von den aufreibenden Jahren der Kriegsgefangenschaft. Nachdem er ein paar Nächte bei seiner Halbschwester Gusti Unterschlupf gefunden hatte, zog er gleich los in seine alte „Schneiderheimat" nach Vomp. Tatsächlich konnte ihn der Greiter wieder recht gut brauchen. Arbeit war da für den Sepp, also packte er, wie immer gut gelaunt, an.

Seppl trug noch die S 300,– Heimkehrergeld und auch die Bezugsscheine für einen Anzug und ein Paar Schuhe wohlbehütet in der „Hinterntasche", wie man die Gesäßtasche einer Hose in Tirol nennt, mit sich herum. Damit passierte ihm einmal eine lustige, aber etwas unappetitliche Geschichte, über die das ganze Dorf lachte. Sie sei nur ansatzweise erwähnt. Seppl mußte also einem menschlichen Bedürfnis nachkommen. Beim Greiter gab es damals noch kein modernes Klo, sondern das alte, bei Bauern übliche Plumpsklo. Wie man es ausräumt, hatte Seppl ja in seiner Lehrzeit kennenlernen müssen. Seppl hatte es eilig – ja, und dann ist es passiert, daß er gerade im eiligsten Moment seine wertvolle Geldtasche mit den S 300,– und den Bezugsscheinen aus der Hinterntasche streifte. Wohin sein Vermögen fiel, können wir uns vorstellen. Damals hat sich das ganze Dorf über den heimgekehrten Seppl amüsiert – und Mama Greiter, die den „Buben" immer noch gern hatte, machte dem entsetzlichen Gestank, der sich aus der Suhrgrube an den Sepp selbst und an seine Kleider geheftet hatte, dadurch ein Ende, daß sie den Seppl in ein Schaffl mit heißem Wasser setzte und seine Kleider – in angemessener Entfernung vom Haus – wusch. Im Dorf aber hatte man ein paar Tage lang etwas zu lachen. „Hast g'hört vom Seppl in der Sch …?" hieß es rundum.

Das alles hinderte den Seppl nicht, an seine Zukunft zu denken. Beim Greiter in Vomp hielt er es nur ein paar Wochen aus. Grund seiner Übersiedlung nach Innsbruck war eine Zeitungsmeldung der Schneiderinnung, die Kurse zur Vorbereitung auf die Meisterprüfung ausschrieb. Seppl wollte unbedingt Meister werden und später einmal selbständig sein. Also auf nach Innsbruck.

Das war etwa im Jänner 1948. Als Geselle kam er wieder beim Meister Pichler unter, den er ja aus der Zeit vor dem Krieg in guter Erinnerung hatte. Geschlafen hat er damals bei einem alten Kriegskameraden, in dessen Wohnung auf dem Gang, in dem ein durchgetretener Diwan stand, gegessen in der Heimkehrerküche. Das alles war für einen ehemaligen Kriegsgefangenen kein Problem – für den Seppl schon gar nicht. Mit viel Eifer stürzte er sich in die Kurse und seine Arbeit. Bisher hatte er hauptsächlich mit der Nadel gearbeitet. Zuschneiden, das stand ja den Meistern zu. Dieses Zuschneiden mußte er jetzt lernen. Er war mit so viel Eifer dabei und so schnell, daß er bereits im Mai zur Meisterprüfung antreten konnte – und die Prüfung auch bestand. Ein großes Lebensziel war erreicht. Seppl war Schneidermeister!

Aber auch außerberuflich war ihm – wie man so schön sagt – das Glück hold. Noch im Jänner fand im Vomperhof, in jenem Gasthof, den der Sepp aus der Zeit seiner trüben Lehrjahre her gut kannte, ein Heimkehrertreffen statt. Das ganze Dorf war auf den Beinen, mit dem Dorf auch Seppls alte Liebe, die Hansi, und zwar in Begleitung eines jungen Mannes. Hansi hatte jahrelang nichts mehr gehört vom Seppl, der junge Mann an ihrer Seite war also kein Treuebruch. Die Begleitung war verständlich – und auch verzeihlich. Hansi saß bei diesem Heimkehrertreffen dem Seppl, ein paar Tische weit entfernt, schräg gegenüber. Er hatte sie bereits erspäht und ihr zugenickt. Lassen wir den Sepp selbst erzählen, wie es dann weiterging: „Dann is sie bei mir vorbeigangen und klopft mir auf die Schulter aufi. ‚Grüaß di Seppl!‘ I sag: ‚Ja, grüaß di, Hansi. Schad, schad‘, sag i dann, ‚jetzt bist ja scho vergebn, Hansi. Schad, und i hun so gwartet auf di.‘ Dann sagt si drauf: ‚Ja, Seppl, da is des letzte Wort no nit gredt, ja, kimm mi decht amol bsuachn.‘ Darauf sag i: ‚Ja Hansi, kann i wirklich kemmen?‘ Darauf sie: 'Ja freilich!' Und dann hat sie ummi deutet auf ihrn Tisch und hat no gsagt: ‚Woaßt, Seppl, da is nix Bsunders!‘“ Und da lacht der Seppl herzlich in seine Erzählung hinein. „Woaßt, dös war a Wiener, a Becker. Und der Vater von der Hansi, der Förster, der war ja elendiglich froh, daß die Hansi mi wieder troffn hat. Er hat ja Angst ghabt, die Hansi geaht mit dem Becker nach Wien!“

Die Hansi ist mit dem Bäcker nicht nach Wien gegangen, sondern ein ganzes Leben lang beim Seppl geblieben. Also schwamm der Seppl auch privat obenauf.

Viel dazu beigetragen hat der zukünftige Schwiegervater. Weil ein Förster mit offenen Augen und Ohren durch das Leben geht, dachte er sofort an den Seppl, als er von einem frei gewordenen Laden in Schwaz erfuhr. Die Umstände waren traurig. Ein Uhrmacher, dem der kleine und verwahrloste Laden gehörte, war im Inn ertrunken. Man weiß heute noch nicht, warum. Jedenfalls bemühte sich der Seppl um das „Gschäftl“ – und bekam es auch. „Mein Gott“, sagt der Sepp, „war dös ein lötzes und schmutziges Ladele. Da hast ja kaum die Händ ausstrecken können zwischen oaner Wand und der anderen. I glaub, es war so 16 bis 18 m^2 groß. Aber die Hansi und i habn putzt a paar Tag lang – und dann war's sauber.“ Eine alte Singer-Nähmaschine, noch eine mit „Beinantrieb“ – also zum Treten – bekam der Seppl von seiner ehemaligen Lehrherrin in Vomp um 150 Schilling. Es war die inzwischen schon etwas antik gewordene Maschine des damaligen Meisters, den wir ja zur Genüge kennengelernt haben. Um die restlichen 150 Schilling vom Heimkehrergeld hat Sepp das allernötigste Handwerkszeug angeschafft. Der Herr Förster, sein zukünftiger Schwiegervater, lieh von einem Schwazer Weinhändler S 5.000,– und lieh sie weiter an den Seppl, dem er voll vertraute. Mit diesem Geld konnte sich der Sepp das Ladele recht gut einrichten. Eine neue Budel, ein paar Stühle, ein paar Meter Stoff, einen großen Spiegel, ein schweres Bügeleisen – und fertig war die erste Werkstatt des Seppl. Der erste Schritt in ein selbständiges Arbeitsleben war getan. Die Kundschaft konnte kommen …

Sie kam dann auch. Die ersten Aufträge waren nicht sehr gewinnbringend. Seppl erinnert sich noch. „Mei erster Auftrag, dös war ein uralter Anzug von an Bauern zum Wenden." Das hieß also: alle Nähte fein säuberlich auftrennen, den Anzug in seine Einzelteile zerlegen, die Stoffstücke mit der Innenseite nach außen wenden – und dann wieder zusammennähen. Viel mehr Arbeit, als ein neuer Anzug gemacht hätte. Aber Seppl war nicht verzagt. Er arbeitete wie ein Besessener.

Gut kann er sich an die nette Geschichte erinnern, die er in den ersten Tagen erlebte. Faden, Zwirn, Nadeln, Stoffstücke mußte er sich selbst beim Heiss, einem Kurzwarengeschäft in Schwaz, holen. Das Ladele mußte inzwischen natürlich zugesperrt werden. Als er einmal – er war gerade auf dem Weg zum Heiss – von der Schwazer Brücke aus zurückschaute zu seinem Ladele, da entdeckte er eine alte Frau vor seinem Gschäftl. „In Gottes Namen, hab i mir denkt. Dös kannt ja a Kundschaft sein. Da bin i grennt, so schnell i kennen hab, um ja die Kundschaft nicht wieder weggeahn zu lassen. Und tatsächlich hab i sie no erwischt." Der Seppl hat sie dann gefragt, ob sie von der Schneiderei etwas wolle, ob sie gar eine Kundschaft wär. „Ja, ghört dös Ladele do dir?" fragte die alte Bäuerin. „Ja freilich", antwortete der Seppl voller Stolz. „Hast epper gar einen Auftrag für mi?" – „Ja, dös hab i", nickte die Bäuerin. Dann sperrte der Seppl seinen Laden auf, die Bäuerin kramte eine wirklich uralte und – wie der Sepp sagt – stinkende Lodenhose aus ihrem Rucksack und legte sie dem Seppl auf die Budel. „So", sagte sie, „da machst mir einen neuen Arsch eini." Und für diesen „Arsch" legte sie ihm auch noch gleich ein Stück Stoff auf die Budel. Der Seppl war Kummer gewohnt, verbiß sich das Lachen und setzte sich nach dem verschobenen Einkauf hin, um das gute Werk zu vollbringen. „G'stunkn hat de Hosn wia a ganzer Stall, sag i dir."

Die Tage während der ersten Wochen waren hart, das Geschäft lief aber an, und der Sepp war voller Optimismus.

Die erste Keilhose

Bleiben wir noch eine Weile beim Schwazer Ladele. Was arbeiten heißt, das hatte Seppl während der Gefangenschaft gelernt. Er träumte nicht von einem Achtstundentag. Sein fester Wille war es, aus dem Ladele ein gutgehendes Schneidergeschäft zu machen. Vorerst einmal waren die guten Kundschaften eher rar. Das dauerte aber nur ein paar Monate, eben bis es sich – auch unter den Kriegskollegen – herumgesprochen hatte, daß es da in Schwaz den Seppl gab, der eine Schneiderei aufgemacht hatte. Wir erinnern uns noch an den jungen, schneidigen Leutnant Wolfi Pinsker, er war mit dem Seppl zusammen droben an der Eismeerfront. Wolfi lachte herzlich, als er mir von der Mantelprobe beim Seppl erzählte. „Mein Gott", sagte er, „es war so klein, dös Ladele, daß du fast drüber hast lachen müssen. Wenn i die Händ ausgstreckt hab für eine Mantelprob, dann bin i links und rechts mit den Fingern an die Wänd angstoßn. Aber der Seppl war mit einem Eifer bei der Sach, daß es eine Freud war." Der Mantel, einer der ersten „Großaufträge" für den Seppl, wärmte den Wolfi dann auch einige Winter lang.

Seppls Traum war es schon damals bei den Gebirgsjägern, später einmal schönere Hosen zu schneidern, als sie die Landser tragen mußten, so richtig schöne, elegante Keilhosen. Von seinem damaligen Traum mußte auch General Schörner erfahren haben. „Ja, woaßt dös nit? Dem hab i ja a Keilhosn gmacht. Und gfalln hat sie ihm. Da hat er dann gsagt: ‚Bravo, Reinalter, das habn S' gut gmacht!' Kannst dir denken, wie stolz i damals als junger Hupfer war."

Die Idee der schönen Keilhosen hatte sich in Seppls Hirn gefressen, sie ließ ihn nicht mehr los. Anzüge und Kostüme gehörten auch zum „Gschäft", aber so richtig gefreut hätte ihn schon damals im Ladele nur eine Keilhosenbestellung. Es gab aber in Schwaz noch niemanden, der eine so moderne Hose wollte. Wir erinnern uns, die alten Skihosen waren eher „Überfallshosen", weit und bequem, allerdings nicht sehr schön. Aber sie waren eben gebräuchlich – und sogar modern.

Seppl war fest entschlossen, dieser Hosenmode den Kampf anzusagen. Der Zufall, vielleicht auch eine alte Kriegsfreundschaft, halfen ihm dabei. Die Frau des Kriegskameraden Walter Nagele aus Pertisau, der mit Sepp in derselben Sanitätskompanie gedient hatte (der dann aber noch im September 1944, weil er ein guter Bergsteiger war, zur Heeres-Gebirgssanitätsschule nach St. Johann versetzt worden war und so der russischen Gefangenschaft entkam), kam eines Tages ins Ladele und bat den Seppl, er möge ihr doch eine Hose schneidern, eine richtig schöne und moderne Skihose. „Mein Gott, hat mi dös gfreut! Endlich eine Keilhose!" Seppl war also mit viel Eifer bei der Sache. In wenigen Tagen schlüpfte Frau Nagele in ihre „richtig schöne und moderne Hose". Sie war begeistert – und nicht nur sie. Überall, wohin sie kam, wurde sie gefragt, wer ihr denn diese flotte Hose geschneidert habe. „Der Seppl Reinalter, in dem kleinen Ladele in Schwaz!" war stets ihre Antwort. Die Mundpropaganda mußte bis an die Ohren eines damals wegen ihrer Skifahrkünste prominenten Mädchens gedrungen sein. Es hieß Evi Knapp, war jung und hübsch und außerdem eine der besten Skiläuferinnen Tirols, heute schon seit Jahrzehnten mit dem ehemaligen Sicherheitsdirektor Tirols Dr. Adi Platzgummer verheiratet. Evi und Adi blieben fast ein Leben lang echte Freunde Seppls.

Evi also trat ins Ladele. „Herr Reinalter, wenn S' wolln, dann machn S' mir bitte eine schöne Keilhose, eine, die sich auch für die Rennen eignet, also nicht so eine weite Pluderhose." Wem sagte sie das? Seppl war mit beinahe heiligem Eifer bei der Sache und legte seine ganze Schneiderkunst in diese erste Rennhose. Und Evi freute sich über ihre flotte Hose. Sie war eng über den Popo geschnitten, der ja zur Geltung kommen durfte, weil er sportlich und doch mädchenhaft geformt war, sie zeigte kein Fältchen, lief in einem eleganten Keil bis in die Skischuhe hinein. Nicht nur Evi war begeistert, auch alle anderen Skiasse im Raum Innsbruck, mit denen Evi zusammenkam und von denen sie bestaunt wurde.

Nur die Älteren unter uns werden wissen, daß Innsbruck so um die 50er Jahre ein wahres Rennläufernest war. Da gab es die Dagmar Rom (zweifache Weltmeisterin bei den WM 1950 in Aspen), ein blondes, sehr hübsches Mädchen, dann die Ricki Mahringer (heute Spieß-Mahringer), ebenfalls ein liebes, bildhübsches Madl aus Oberösterreich, das zum Studium nach Innsbruck gekommen war und von Innsbrucks Jungmännerwelt umschwärmt wurde wie kaum jemand sonst. Obwohl Favoritin, gewann sie in Aspen „nur" zweimal Silber. Ricki blieb in Innsbruck hängen und heiratete später den stets lustigen Nationalklasseläufer Ernst Spieß. Ihre beiden Kinder, Ulli und Nikola, waren später ebenfalls Mitglieder des ÖSV-A-Kaders (das wär übrigens ein Fall für das „Buch der Rekorde": eine gesamte Familie im Nationalteam!). Dann gab es noch den blonden, kraftstrotzenden und verwegenen Egon Schöpf, dem keine Abfahrt zu schnell und zu steil war, der aber Keilhosen ablehnte und immer in seiner Knickerbocker fuhr. Sie alle trafen sich, besonders nach der Rennsaison im späten Frühjahr, fast täglich „am Hafelekar" – auch die Evi natürlich. Sie war mit Ricki Mahringer befreundet, die begeistert war vom Schnitt der Reinalterhose – und wohl auch von der guten Figur, die Evi darin machte. Evi brachte also die Ricki zum Seppl nach Schwaz – und seit diesem Tag fuhr die Ricki ihre Rennen in eleganten Reinalterhosen. Sepp sagt heute noch: „Ohne die Ricki und die Evi wär i kaum bekannt geworden. Den beiden Madln verdank i sehr, sehr viel." Natürlich auch dem damaligen Freund der Ricki, Ernst Spieß, den man im ganzen Land den „Goggi“ nannte. Auch der Ernst ließ sich eine Hose vom Seppl anmessen, aus der ersten wurden viele – und aus der ersten Begegnung eine Freundschaft, die ein ganzes Leben lang halten sollte.

Der Durchbruch war geschafft. Die Reinalterhosen waren von nun an begehrt und bekannt.

Das Ladele wuchs. Neben dem Seppl arbeiteten noch zwei Schneider und zwei Lehrmädchen in dem Geschäft. Seppl arbeitete „Tag und Nacht“. Schon in der Gefangenschaft hatte er viele Nächte lang durchgeschuftet, um die Rationen für seine Männer zu bekommen. Er war harte Arbeit gewohnt. „Oft hab i bis zwei, drei in der Früh g’arbeitet, dann bin i eingnickt für ein, zwei Stunden, und dann hab i glei wieder weitergearbeitet. I war wie besessen von meiner Hosenschneiderei.“ Seine Braut Hansi half ihm, wo sie nur konnte. Sie putzte den Laden, räumte auf und schaute auf den Seppl, als ob sie schon verheiratet gewesen wären. „Sie war ein Schatz, ohne sie hätt i dös alles nie derpackt“, sagt der Seppl.

Die Reinalterhosen waren bereits ein Begriff. Das Ladele wurde zu eng. Die Kundschaft mußte oft draußen vor der Tür warten, weil drinnen nur für wenige Leute Platz war. „Der Ladn ist glaufn wie am Schnürl, und i hab eine Riesenfreud ghabt.“

Eines Tages, es war im Jahr 1950, kam ein alter Freund in das Ladele zum Seppl, der Roubin-Hermann, selbst wohlbestallter Spengler und Hausbesitzer. Der Hermann erzählte dem Seppl, daß in seinem Haus in der Innsbrucker Straße ein Geschirrgeschäft aufgelassen werde und daß dieses Geschäft wahrscheinlich zu haben wäre. Seppl überlegte gar nicht lange und griff sofort zu. Es dauerte zwar eine Weile, bis er einen Kredit bekam, dann aber baute er das neue Geschäft aus, zog um und hatte mit seiner Schneiderei einen Erfolg, wie er sich ihn schöner nicht vorstellen konnte. Beim Reinalter in der Innsbrucker Straße wurden Anzüge und Kostüme, zur Hauptsache aber Keilhosen angefertigt, und dieses Keilhosengeschäft ging jetzt erst so richtig los. Es besteht gar kein Zweifel darüber, daß Sepp Reinalter einen Großteil seines geschäftlichen Erfolges den damaligen „Alpinen“ zu verdanken hatte. Sie waren die „Helden“ unserer Nation. Sie alle kannten nun – nicht zuletzt durch die „figürliche“ Werbung der Ricki und die mündliche ihres Freundes Ernst – die Adresse des „Keilhosen-Seppl“ in Schwaz. Sie alle kamen, um sich eine fesche Hose anmessen zu lassen. Eine der ersten Kundschaften aus den Reihen der Alpinen war der Othmar Schneider aus Lech (Olympiasieger im Slalom 1952 in Oslo). Mit dem Motorrad kam er aus Lech angerattert. Ebenfalls aus Lech, aber ohne Motorrad traf Trude Beiser (heute Jochum-Beiser) ein (zweifache Olympiasiegerin in St. Moritz 1948, noch einmal Olympiasiegerin im Abfahrtslauf 1952 in Oslo), und Martin Strolz (Silbermedaillengewinner im Abfahrtslauf bei der WM 1954 in Aare), der spätere „Weltmeister“ im Skischuhbauen, war die dritte Kundschaft aus Lech. Zum Josl Rieder (Weltmeister im Slalom 1956 in Gastein) und zum Walter Schuster, natürlich auch zur hübschen Hilde Hofherr fuhr Seppl hinaus nach Lermoos, um sie unter sein Keilhosenmaß zu nehmen. Trude Klecker, die Wiener Olympiasiegerin 1956 (im Slalom!), reiste von Wien an, Karl Schranz, der „erfolgreichste Skirennläufer aller Zeiten“, von St. Anton, mit ihm Toni Spieß, den man den „Gummispieß“ nannte. Aber auch die Kitzbühler kamen, die zum damaligen „Wunderteam“ gehörten: der Toni Sailer (siebenfacher Weltmeister und vierfacher Olympiasieger!), der Anderl Molterer, der „weiße Blitz von Kitz“, Christl Pravda (Abfahrts-Weltmeister 1954 in Aare), Ernst Hinterseer (Slalom-Olympiasieger 1960 in Squaw Valley) und der sympathische Hias Leitner (Silber im Slalom von Squaw Valley). Dagmar Rom trug die Keilhosen vom Seppl schon lange, nur Egon Schöpf trennte sich nach wie vor nicht von seiner Knickerbocker. Aber Regina Schöpf, damals eines der hübschesten Mädchen im Team, war von den schnittigen Hosen begeistert.

Die prominenten Alpinen erregten Aufsehen mit ihren Hosen. Die Hosen waren eng, schnittig, elegant, für die jungen, meist sehr gut gebauten Damen auch „sexy“.

Für den Seppl arbeiteten bereits bis zu zwölf Schneider und eine Reihe von Lehrmädchen. Seppl selbst war auf seine Keilhosen spezialisiert, nahm Maß, schnitt alle Hosen selbst zu und probierte sie an, er arbeitete immer noch „wie ein Viech“, aber er war überglücklich.

Wie es so ist im Leben, muß man sich das Glück oft hart erkämpfen. Seppl hatte einen Kundenstock wie kein zweiter Schneider im weiten Umkreis, das Geschäft blühte – und trotzdem begann mitten in diesen Erfolgsjahren plötzlich der Kampf ums berufliche Überleben – wie ein Blitz aus heiterem Himmel.

Rufmord

Pepi, ein junges Mädchen, war beim Seppl als Schneiderin angestellt und fuhr gerade nach einem Innsbruckbesuch mit dem Personenzug zurück nach Schwaz. Zufällig saß sie in der Nähe einer Gruppe von Schwazern, und ebenso zufällig hörte sie ein Gespräch mit an, in dem es um die Schneiderei Reinalter in Schwaz ging. „Ja, hast nit ghört,“ sagte die eine, „der Reinalter in der Innsbrucker Straßn soll ja im Konkurs sein!“ Pepi glaubte, nicht recht gehört zu haben – und war deshalb umso interessierter am weiteren Tratsch. „Ja, ja, dös hab i mir ja glei dacht, daß dös nit gutgehn kann. Der hat ja einen Aufwand mit seinem Gschäft. Zwölf Schneider soll er schon habn. Koa Wunder, wenn der sich überlupft hat.“

Die Pepi war vorerst erstaunt, dann aber schlich sich – wie es bei noch so unsinnigen Gerüchten üblich ist – der Gedanke in ihr Hirn, ob nicht vielleicht doch ein Körnchen Wahrheit „dahinterstecken“ könnte. Schnurstracks ging sie zum Chef, den alle wegen seines Könnens und seines Fleißes achteten, wegen seiner Gutmütigkeit und Großzügigkeit den Angestellten gegenüber aber auch liebten, und erzählte ihm, was sie gehört hatte. Seppl war über seinen „Konkurs“ nicht weniger erstaunt als Pepi. Woher das Gerücht stammen könnte, ahnte er nur. „Wird wohl die Konkurrenz und wohl auch a bißl Neid dahintergsteckt habn.“

Es war ihm schon aufgefallen, daß in den letzten Tagen einige Damen ihren Kostümstoff wieder abgeholt hatten, jeweils mit einer fadenscheinigen Ausrede – daß sie sich doch noch gedulden wollten bis zum nächsten Frühjahr oder so ähnlich. Wahrscheinlich hatten sie Angst, ihr Stoff könnte in der „Konkursmasse“ untergehen. Natürlich war Seppl erschüttert. Was sollte er tun? Das schäbige Gerücht mußte aus der Welt geschafft werden. Aber wie? In Seppl erwachte jener Kampfgeist, der ihm schon bisher immer geholfen hatte, durchs Leben zu kommen. Angriff war die beste Verteidigung. Also fuhr er noch am selben Tag nach Innsbruck. Dort kannte er den Herrn Oberstleutnant Sollereder, der damals Geschäftsführer einer großen Werbefirma war. „Du mußt mir aus der Scheiße helfen“, sagte Sepp wörtlich. Natürlich war sein alter Freund dazu bereit. Der Schlachtplan war bald entworfen. Auf dem Südtiroler Platz, also nahe am Bahnhof, wurde ein Riesenplakatständer aufgestellt. Auf dem Plakat – gut 3 x 5 m groß – wurde für Reinalterhosen geworben. Außerdem stand da noch geschrieben, daß man diese Keilhosen auch in Innsbruck angemessen bekommen könne, vom Seppl Reinalter selbst. Im Radio wurde täglich dreimal mit einer einprägsamen Melodie geworben: „Ja, so a Keilhosn vom Sepp Reinalter, Kinder, das ist ein Gedicht, was man trägt zum Pulverschnee, trägt man auch zum Fünf-Uhr-Tee, alle Skikanonen tragen, es erübrigt sich zu sagen – eine Keilhose vom Sepp Reinalter.“

Die Werbekampagne schlug noch besser ein, als es sich Sepp und Herr Sollereder erhofft hatten. Daß sich Herr Sollereder als wahrer Freund erwies und auf das Werbehonorar – wie vereinbart – ein volles Jahr lang wartete, vergißt ihm der Seppl nie.

Das Anmessen in Innsbruck – Seppl erhielt von seiner Tante ein Zimmer zur Verfügung gestellt – hätte beinah die Kräfte des Seppl überstiegen. Nachdem er jeweils am Mittwoch nachmittags für eine Vielzahl von Hosen Maß genommen hatte, fuhr er am Abend nach Schwaz, schnitt meist während der ganzen Nacht die Hosen zu, ließ sie am nächsten Tag von seinen Schneidern „zur Probe" nähen, fuhr dann mit einem Riesenkoffer bereits am Freitag wieder nach Innsbruck, wo dann die in den meisten Fällen gut verlaufende Generalprobe stattfand. Nur wenige Tag nach der Anprobe schlüpften Seppls Kunden in die fertige, hochmoderne Reinalterhose. „Ang'standen sind sie zur Probe wie bei einem Zahnarzt", sagt Seppl, „aber zum Schlafn bin i fast überhaupt nimmer kemmen. Oft war i schon total fertig." Das trug sich in den frühen fünfziger Jahren zu. Vom Konkurs des Sepp Reinalter war bald keine Rede mehr. Die Reinalterhosen waren weit über die Tiroler Grenzen hinaus bekannt. Nach einem Jahr konnte Sepp auch seine Schuld bei seinem Freund „auf Heller und Pfennig" begleichen.

Sepp hatte sein Geschäft immer noch in Schwaz. Einerseits, weil ihn das Konkursgeschwätz geärgert hatte, andererseits aber auch wegen der Möglichkeit, sein Geschäft in einer größeren Stadt besser weiter ausbauen zu können, faßte er den Entschluß, nach Innsbruck zu übersiedeln. Das war damals nicht so einfach. In Innsbruck gab es eine Vielzahl von guten Schneidern. Die Anzüge konnte man nicht wie heute „von der Stange" kaufen, weil die Stangen eher kümmerlich gefüllt waren und die Fertigbekleidung mit der soliden Handarbeit der Schneidermeister kaum konkurrieren konnte. Die Schneider waren also gefragt. Es war auch schwieriger als heute, ein passendes Geschäftslokal zu finden. Innsbruck war ja erst im Aufbau. Hunderte von Häusern waren noch bombenbeschädigt oder zerstört. Sepp streckte trotzdem seine Fühler aus – und erfuhr, daß es sowohl in der Andreas-Hofer-Straße als auch in der Anichstraße Schneidergeschäfte gab, deren Besitzer ältere Herren waren. Der eine in der Andreas-Hofer-Straße war der Herr Novacek, und der in der Anichstraße hieß Rebernigg. Dem Seppl hätte der Laden in der Anichstraße besser ins Konzept gepaßt, lag er doch näher beim Zentrum. Herr Novacek in der Andreas-Hofer-Straße ließ aber besser mit sich reden. Weil er bereits weit über das heute übliche Pensionsalter hinaus geschuftet hatte und auch kränklich war, hätte er tatsächlich zugestimmt, dem Seppl sein Lokal zu überlassen. Inzwischen aber rannte der Sepp Herrn Rebernigg schon über ein Jahr lang die Tür ein. Dieser Herr war ja auch schon über 80 Jahre alt, und seine Frau redete ihm schon lange Zeit zu, das Geschäft endlich aufzugeben. Als Sepp dann tatsächlich die vage Zusage des Herrn Novacek erreicht hatte, trat er ein weiteres Mal ins Geschäft des oft recht „grantigen" Herrn Rebernigg. „So, Herr Rebernigg, jetzt müssn S' mir sagn, ob i dös Gschäft habn kann oder nit. Wenn Sie mir dös Gschäft nit geben wollen, dann geh i halt in die Andreas-Hofer-Straßn zum Novacek. Der gibt mir sein Gschäft." Mehr brauchte der Sepp nicht zu sagen. „Was, zum Novacek?" Herr Rebernigg war empört. Der Konkurrenzkampf mit dem Novacek mußte sich tief in seine Seele gefressen haben. Mit hochrotem Kopf und vorstehenden Augen, aus denen man die Antipathie gegen die Schneiderei in der Andreas-Hofer-Straße lesen konnte, schlug er mit seiner schon müden Hand kräftig auf den Zuschneidetisch. „So – und morgen, von mir aus, können S' dös Gschäft habn!"

So verhalfen Herr Novacek indirekt und Herr Rebernigg direkt dem Seppl zu jenem Geschäftslokal, das eines der schönsten und gefragtesten Innsbrucks werden sollte. Wer eine fesche Keilhose, einen modernen Anorak, einen geschmackvollen Pullover haben wollte, wer mit Schick und Pfiff modern und sportlich gekleidet sein wollte, der trudelte beim Seppl in der Anichstraße ein. Die Ski- und Sportprominenz ging beim Seppl ein und aus, und wer glaubte, zur Prominenz zählen zu müssen, auch. Der Seppl selbst stand meist mitten im Geschäft, stets gut gelaunt und fröhlich, hatte für jeden ein freundliches Wort und begrüßte seine Freunde mit einer Herzlichkeit, die heute, im unpersönlich gewordenen Geschäftsleben, kaum noch zu finden ist. In der Anichstraße – das Geschäft wurde später sehr modern und elegant ausgebaut – verbrachte der Sepp wohl die schönsten, glücklichsten und auch erfolgreichsten Jahre seines Schneiderlebens.

Dies alles geschah in den frühen fünfziger Jahren. Österreich stand im Aufbruch. Der heutige Wohlstand unseres Landes ist nicht zuletzt der Nachkriegsgeneration zu verdanken, die nicht verzweifelte, sondern, geführt von verantwortungsvollen Politikern, kräftig anpackte und das Land wieder aufbaute. 1955 erhielt Österreich den Staatsvertrag. Es war wieder ein freies Land. Zu den vielen kleinen Baumeistern dieses Landes gehörte auch Sepp Reinalter. Die „Kundschaft“ lohnte ihm seinen Fleiß, den nie versiegenden Humor und seine Freundlichkeit. Zu seinen Kunden zählten nicht nur beinah alle bekannten und auch weniger bekannten Skifunktionäre Tirols und Österreichs, Trainer und Skikanonen aus aller Herren Länder, sondern auch Kaiser und Könige, Prinzessinnen und Prinzen. Karim Aga Khan trug die Reinalterhose, übrigens ein sehr sympathischer, sportlicher Herr, der auch FIS-Rennen bestritt und sich noch heute unter Anleitung seines feschen Langzeittrainers Hansl Senger in Form hält. Der stets elegante und fröhliche Hans Senger war Nationalklasseläufer und später auch Trainer der österreichischen Alpinen. Auch das spanische Königshaus ließ sich beim Seppl einkleiden, das in den fünfziger Jahren noch bestehende persische Kaiserhaus, die dänischen Prinzessinnen – sie alle trugen Reinalter-Keilhosen. Daß IOC-Präsident Brundage und auch Marc Hodler, der bewährte und immer noch amtierende FIS-Präsident, seine Hosen trugen, war schon beinahe selbstverständlich.

Wie gesagt, in der Anichstraße verlebte Sepp die schönsten und wohl auch erfolgreichsten Jahre seines Berufslebens.

Sepp Reinalter war bereits weit über die Grenzen Tirols hinaus bekannt. Die österreichischen Alpinen trugen selbstverständlich „seine“ Hosen, sowohl die Damen als auch die Herren.

Es konnte also nicht lange dauern, bis man Sepp die offizielle Einkleidung der ÖSV-Mannschaften übergab. Im Jahr 1957 war es dann soweit. Aus einer Skination, die er einkleidete, wurden im Laufe der Jahrzehnte 22! Aus einer Keilhose Tausende. Und noch etwas darf ruhig erwähnt werden. Viele, viele Skihosen, lange Hosen, elegante Pullover, schöne Blusen, Skileibchen wanderten über den Ladentisch, ohne daß Sepp nach einer Bezahlung auch nur fragte. „Laß lei guat sein“, war stets seine lächelnde Antwort auf die Frage nach einer Rechnung.

Vielleicht ist es eine Schwäche des Sepp, daß er gerne schenkt, gerne Gutes tut. Daß man vielerorts seine Schwäche kannte und sie auch nützte, um nicht zu sagen „ausnützte“, wissen alle, die mit ihm befreundet sind. Aber Sepp gab gerne. Das Geschäft florierte. Ich glaube fast, daß es ihm mehr Freude machte, eine Rechnung einfach „gut sein“ zu lassen, als dem Beschenkten.

Unglückliche Hansi

Von Hansi, der geliebten Frau des Seppl, haben wir bisher nur wenig gehört. Wir erinnern uns, daß Seppl sein fesches und damals stets lustiges Mädl nach dem Krieg wiederfand und daß die beiden dann auch ein Leben lang beisammen blieben. Daß Hansi schon damals, als Seppl das Ladele in Schwaz eröffnete, schuftete wie eine Schwerarbeiterin, war für sie selbstverständlich. Es waren eben harte Zeiten, und da hieß es zusammenhalten. Von Anfang an hielt der Vater der Hansi, der Forstmeister, seine schützende Hand über den Bund der jungen Ehe. Das begann mit dem Kredit, den er dem Seppl für den Ausbau des Ladens in Schwaz verschaffte und für den er bürgte, den der Seppl aber nach einem Jahr auf Heller und Pfennig zurückzahlen konnte, und setzte sich ein Leben lang fort.

Geheiratet hat Seppl seine Hansi im Jahr 1950. „Mein Gott,

dös war a Hochzeit", sagt der Seppl, „arm war ma wie die Kirchenmäus." Er kann sich noch gut erinnern, daß er bis 6 Uhr früh, also die ganze Nacht lang, für Hansi ein recht nettes Kleid nähte und selbst in einem alten Anzug zur Hochzeit erschien. Die Hochzeitsgesellschaft bestand aus sieben Leuten, Trauzeuge war ein Kriegskollege, ebenfalls ein armer Schlucker, der dann nicht einmal soviel Geld bei sich hatte, den Pfarrer zu bezahlen. Seppl ist natürlich eingesprungen. Das Hochzeitsessen, vom Forstmeister bestellt und bezahlt, war bescheiden, aber das junge Paar war glücklich. Wenn sich zwei wirklich gern haben, braucht es keine großen Feierlichkeiten, kein Festmahl und auch keine Hochzeitsmusik. Die jungen Leute freuten sich auf die Flitterwoche, waren sie doch vor lauter Arbeit noch kaum dazugekommen, in aller Ruhe beisammen und glücklich zu sein.

An seine Flitterwoche erinnert sich Seppl noch gut. Der Forstmeister hatte alles arrangiert. Die Eustachushütte am Ummelberg, etwa zwei Gehstunden über Vomp, war so eine Art Forsthütte, ein einfaches, aber gemütliches Holzhaus, das den Forstleuten als Unterkunft diente. Dieses Forsthaus gehörte eine Woche lang nur der Hansi und dem Seppl. „I kann dir sagn, eine Freud habn wir zwei ghabt, dös kannst dir nit vorstelln." In einem Rucksack, der mehr als 20 kg wog, schleppte Seppl die Verpflegung in die Hütte hinauf, und auch Hansi hatte einen Rucksack voll Verpflegung zu tragen. Aber diese Schlepperei lohnte sich. Der Schwiegervater hatte gesorgt für seine Hansi und den Seppl. Im Rucksack waren ein Riesenstück Gamsfleisch für die Suppe, Hirsch- und Rehfleisch für saftige Braten, Butter, den man von einem bekannten Bauern bekommen hatte, Mehl, Brot, Kartoffeln ... „Mei, warn mir glücklich in der Hüttn." Am Abend saßen die beiden beisammen am alten Holztisch, eine Petroleumlampe tauchte die alte Holzstube in ein gemütliches Licht, sie hielten einander an den Händen und erzählten, redeten und freuten sich über ihr Glück. Seppl erfuhr damals von seiner jungen Frau, daß sie schon als Mädchen in dieser Hütte die

Sommerferien verbracht hatte und daß sie diese Hütte und die ganze Gegend hier heroben am Berg über alles liebte. Aber auch Trauriges erfuhr Seppl aus dem noch jungen Leben seiner Hansi. Ihre Mutter war schon ein paar Jahre zuvor gestorben. Sie war erst 38 Jahre alt gewesen und hatte unter schweren Depressionen gelitten. Man hatte sie in die Klinik gebracht und dann eine Todesnachricht erhalten. Der Vater der Hansi glaubte sein ganzes Leben lang, daß seine Frau keines natürlichen Todes gestorben war. Mit körperlich und geistig Behinderten und auch mit seelisch Leidenden verfuhr man ja während der Hitlerzeit nicht gerade zimperlich. Hansi führte nach dem Tod ihrer Mutter mit 16 Jahren daheim die Wirtschaft und begann dann auch neben ihrer Arbeit eine Lehre in Schwaz, wo sie ja, wir erinnern uns noch, auf dem Heimweg den Seppl kennenlernte. Schon mit 16 war Hansi Muttterersatz für ihre kleinere Schwester Flora.

Da droben in der Hütte hielten zwei einander die Hände, denen das Leben bisher keine allzu großen Freuden bereitet hatte. Das wollten sie nachholen, sie waren fest gewillt, hart zu arbeiten, um sich eine schöne Existenz zu schaffen. Vorerst einmal aber wollten sie glücklich sein. „So glücklich wie da oben in der Hüttn war i nur mehr selten in meinem Leben", erinnert sich der Seppl etwas wehmütig. Hansi war ja ein fesches, lustiges Mädl, das jetzt ganz zu ihm gehörte, für das er sorgen wollte, das er von ganzem Herzen liebte.

Nur wenige Jahre nach der Hochzeit ist Hansi – in blühendem Alter – erkrankt. Wie ihre Mutter litt sie an Depressionen, die sie von Jahr zu Jahr mehr plagten und oft wochen- und monatelang andauerten. Sie machten der armen Hansi das Leben zur wahren Hölle. Es nützte wenig, daß Seppl sein Haus auf ihren Wunsch in der Nähe ihrer Heimat, in der Nähe der Hochzeitshütte baute, um ihr Ruhe und Frieden, vielleicht auch ein wenig Freude zu bieten. Hansis Depressionen wurden trotz vieler Tabletten immer stärker, die Sehnsucht, von ihrer Mutter „geholt" zu werden, immer größer. Vor wenigen Jahren ist Hansi gestorben. So gern wäre sie dem Seppl eine gute Frau gewesen, so wie Seppl seiner Hansi ein Leben lang ein guter Mann war. Er nahm die Krankheit seiner Frau hin wie eine Last, die man einfach zu tragen hat. Er lebte und litt mit seiner Frau – und niemand ahnte von seinem Unglück, wenn er freundlich und liebenswürdig in seinem Geschäft stand. Sepp war ein stiller Held. Wie er mitlitt mit Hansi, von der er noch heute nur in liebevollen Worten erzählt, wissen nur wenige.

Aus einem kleinen Bild, das über dem Stubentisch hängt, lächelt Hansi ihrem Seppl entgegen. Er fühlt sich jetzt oft sehr allein in seinem Haus.

Der Springervater

Schon damals, als Seppl noch sein Geschäft in Schwaz hatte, waren seine Keilhosen bereits im ganzen Land beliebt und begehrt. Als er dann nach Innsbruck übersiedelte, fuhr schon die gesamte Damen- und Herrennationalmannschaft der Alpinen mit den engen und eleganten Reinalterhosen. Slalomweltmeister Reinalter aus der Schweiz, ein Cousin des Seppl, trug als einer der ersten Schweizer die Hosen des Seppl – und machte sie auch in der Schweiz bekannt. Die Hosen aus der Werkstätte des Seppl hatten die Skiwelt erobert. Die ganz großen österreichischen Skikanonen wie Toni Sailer, Josl Rieder, Karl Schranz, Pepi Stiegler, Ernst Hinterseer, aber auch die erfolgreichen Damen wie Christl Haas, Marianne Jahn oder Traudl Hecher, um nur einige zu nennen, sie alle trugen bereits die Reinalterhosen. Die Firma Reinalter wurde zum „Offiziellen Ausstatter" der Ski-Nationalmannschaft. Allerdings hatte sich die Ausstattung nur auf die Hosen zu beschränken.

Jetzt, in die Anichstraße übersiedelt, war Sepp sehr zufrieden mit seinem Geschäft. Besser hätte es nicht gehen können.

Wie aus dem Alpinschneider aber der Springervater wurde,

das kam so: Eines Tages, es muß so um die späten sechziger Jahre gewesen sein, kam David Zwilling, der spätere Abfahrtsweltmeister (St. Moritz, 1974) zum Seppl und stellte ihm die Frage, die ihn schon lange beschäftigt hatte, ob man denn nicht einen windschlüpfrigen Anzug „bauen" könnte, der im Abfahrtslauf eine höhere Geschwindigkeit ermögliche. Seppl, für neue Ideen immer zu haben, „baute" so einen Anzug – aus hauchdünnem, luftundurchlässigem Plastikmaterial. Mit diesem Anzug fuhr er hinein ins Zillertal, wo die Nationalmannschaft auf dem Hintertuxer Gletscher trainierte. Der Cheftrainer Karl Kahr, für seine Robustheit und Gradlinigkeit bekannt, empfing ihn, nachdem er das kleine Paket sah, in das Sepp seinen Anzug eingewickelt hatte, mit den Worten: „Ja, was möchtest denn mit dem Fahnl, dös kann ja koaner anziagn, do derfriert ja a jeder!" Grad in dem Augenblick kam Zwilling vom Training heim und sah den Seppl in der Hotelhalle. Nach kurzem Gruß schritt er auf den Seppl zu, nahm ihm das „Fahnl" aus der Hand, betrachtete es und sagte: „Genau dös ist's, was mir brauchen." Ob Karl Kahr wollte oder nicht, David Zwilling probierte am nächsten Tag den neuen, aerodynamischen Anzug, und siehe da: Seine Zeiten waren um mehr als eine Sekunde schneller als die vom Vortag. Karl Kahr lachte nicht mehr, auch er war nun von den Plastikanzügen begeistert, wenn er auch Bedenken zeigte, weil er nicht wußte, wie sich diese „schnellen" Anzüge wohl bei einem Sturz auswirken würden. Nicht so begeistert allerdings zeigte sich der ÖSV – aus einem einfachen Grund. Es gab ja Ausrüstungsverträge, und in diesen Verträgen war festgehalten, daß der Reinalter nur für die Hosen der Mannschaft zuständig war und die Rennanzüge von einer anderen Firma geliefert wurden. „Damals war i schon a bißl enttäuscht. Aber die Anzüg hab i weitergmacht, eben für die Fahrer der anderen Nationen. Die Österreicher sein dann a mit ähnliche Anzüg gfahrn." Heute gibt Seppl zu, daß die luftundurchlässigen Anzüge zu gefährlich waren. Sobald ein Rennläufer stürzte, schlitterte er mit einer derartigen Geschwindigkeit über die meist steile Piste, daß jeder Sturz lebensgefährlich wurde. Ein endgültiges „Aus" für Anzüge dieser Art wurde von der FIS bald gesprochen.

Sepp aber wollte, stur und hartnäckig, wie er sein konnte, von seiner „Erfindung" nicht ablassen. Er dachte folgerichtig, daß die Gefährlichkeit eines Sturzes bei den Springern nicht so schlimm sein könnte, weil der Sturz im Auslauf ja nicht so gefährlich werden konnte, und daß auch die Springer von der Aerodynamik profitieren könnten. Gesagt, getan. Seppl packte also sein „Fahnl" wieder ein und fuhr hinunter zum Sepp Bradl ins Springerzentrum am Hochkönig, wo fast alle Nationen trainierten. Baldur Preiml, Professor am Skigymnasium Stams, der mit seinen Schülern die Springerwelt erobern sollte, war gerade Cheftrainer geworden. „Ja, Seppl, was solln den mir mit dem Fetzele da anfangen? Solln mir etwa a draufgehn?" Das war der Empfang durch Baldi. Er spielte auf den Unfall an, der am Patscherkofel passiert war. Ross Milne, ein verwegener Kanadier, war beim Abfahrtstraining – nicht zuletzt wegen des glatten Abfahrtsanzuges – tödlich verunglückt. Vorerst also erntete Seppl mit seinem Anzug keine große Begeisterung.

Toni Innauer war damals das herausragende Supertalent im österreichischen Team. Ich war zufällig in Fallun bei den Nordischen Skiweltmeisterschaften 1974 mit dabei und erinnere mich mit Freude an das Spezialspringen. Da wurde ein gewisser Toni Innauer aus Österreich, ein Bübl, ganze 15 Jahre alt, angesagt. Das Bürschl segelte mit Startnummer 2 in mustergültiger Haltung auf 107,5 m hinunter. Zuerst herrschte Staunen und Stille im Stadion, dann aber brach ein Jubel aus über diesen phantastischen Sprung des österreichischen Buben. Die Jury verkürzte den Anlauf. Der spätere Sieger Aschenbach war „nur" 104 m gesprungen. Vom Toni Innauer aber sprach man zum ersten Mal in der internationalen Springerwelt. Diesen Toni Innauer hatte zuerst Trainer Max Golser in seinem Team gehabt, und jetzt war er bei Baldur Preiml. Weil Baldur mit allem experimentierte, wovon er glaubte, daß es den Springern nützen könnte, ließ er es also doch zu, daß der Toni dieses „Fetzele“ anzog und einen Sprung probierte. Um es kurz zu machen: Toni fiel – nach seinen eigenen Worten – „auf die Schnauze“. Er hatte nach einem Sprung von diesem Anzug genug, zog ihn aus und warf ihn mit seinem jugendlichen Temperament dem Seppl hin. Der wiederum gab nicht nach. Er blieb eine Weile beim Bubi Bradl im Springerzentrum, und es gelang ihm auch, einen jungen Springer, den Luis Lippurger, zu überreden, den Anzug doch auch noch zu „probieren“. Siehe da, die Probe verlief nicht schlecht. Luis hatte ein recht gutes Gefühl, nur diese ungewohnte, gänzliche Schlüpfrigkeit in der Luft, die paßte ihm nicht. Vorne, meinte Luis, müßte etwas geändert werden, man sollte den Luftpolster spüren. Seppl schaltete blitzschnell. Ein Erdäpfelsack mußte her. Bradls Frau hatte einen, und der Seppl arbeitete in seinen Anzug ein Vorderteil ein, das er aus dem luftdurchlässigen Erdäpfelsack geschnitten hatte. Lippurger probierte noch einmal, fühlte sich jetzt wohler und „getragener“ in der Luft und sprang sogar um ein paar Meter weiter als sonst. Baldur, der nicht so schnell zu überzeugen war, bat den Seppl, vorerst einmal zwei Anzüge anzufertigen, man würde dann probieren. Hoch erfreut fuhr Seppl heim nach Innsbruck, schneiderte noch in der Nacht die zwei Anzüge und schickte sie am nächsten Morgen bahnexpreß ins Springerzentrum am Hochkönig.

Das war im Spätherbst. Wochenlang hörte der Seppl nichts mehr von seinen Anzügen. Baldur Preiml wäre nicht jener gewissenhafte Springerprofessor gewesen, den wir kennen, hätte er nicht die Anzüge von den Springern immer wieder probieren lassen.

Es war zwei Tage vor Weihnachten. Seppl hatte bereits damit begonnen, für die Springer die Keilhosen fertigzuschneidern, in der Annahme, daß dem Baldur und seinen Springern die Anzüge nicht zusagten. Das Weihnachtsgeschäft war bereits gelaufen, gut sogar, die Schneider waren schon auf Weihnachtsurlaub, nur noch der Seppl und ein paar Verkäuferinnen waren im Geschäft. Da tauchten plötzlich Baldur Preiml, mit ihm Manfred Gabrieli, der bekannte Fernsehreporter, und Naturapostel Willi Dungl auf, der erst am Anfang seiner Bekanntheit stand, die er nicht zuletzt Baldur Preiml und seinen Springern verdankt. „Ja, was ist denn mit euch los", empfing sie Seppl. Die Sache war gleich geklärt. Baldi sagte: „Seppl, du mußt uns noch für die Vierschanzentournee die Springeranzüge machen, du hast ja keine Ahnung, was uns de Anzüg bringen. Mir habn sie probiert und probiert, und jetzt haut die Sache hin!" Freilich war Seppl jetzt hocherfreut, zugleich aber auch verzweifelt. „Ja, was soll i denn tuan, i hab ja koan Schneider im Haus, nur an Türkn, mir zwoa alloan kennen ja nit die ganzen Anzüg machen, no dazua in a paar Tag."

„Seppl, du muaßt. Mir brauchen dö Anzüg. Wirst sehgn, du wirst mit dö Anzög no berühmt", meinte der Baldi. Ehrlich gesagt, hatte der Seppl schon schlimmere Aufträge in seinem Leben erledigt. Wieder einmal spuckte er also in seine Hände. Er und der arbeitswillige Türke trommelten ein paar Schneider zusammen, die ihre Weihnachtsferien opferten, und bauten in nur wenigen Tagen die Springeranzüge – nach Maß – zusammen.

Die Vierschanzentournee 1974/75 konnte also mit den neuen Anzügen des Seppl gesprungen werden.

Sie wurde von Willi Pürstl gewonnen, Zweiter war Edi Federer. Das Supertalent Toni Innauer aber landete beim Eröffnungsspringen, wie er selbst sagt, wieder „auf dem Kopf". Er kam mit dem neuen Anzug nicht zurecht, hatte kein Fluggefühl, und es passierte, „was passiert, wenn man einem Radfahrer bei Tempo 60 einen Stock in die Speichen des Vorderrades steckt" (so Toni in seinem Buch „Der kritische Punkt"). Toni wurde nach dem fürchterlichen Sturz ins Krankenhaus gebracht, wo er mit einer schweren Gehirnerschütterung drei Tage und drei Nächte lang schlief.

Die österreichische Springermannschaft aber war plötzlich zur Sprungnation Nr. 1 geworden, nicht zuletzt durch die Hartnäckigkeit des Seppl Reinalter, dem Baldi sicher einen Teil seines sensationellen Erfolges zu verdanken hat.

Toni Innauer sagt über diesen Erfolg folgendes: „... die Materialrevolution hatte alles, was bisher galt, auf den Kopf gestellt. Unsere baumwollenen Pluderhosen und gestrickten Skipullover wurden im Kasten versorgt, die stumpfen Beläge unserer ausländischen Sprungski wurden durch neu entwickelte Laufflächen aus österreichischen Skiwerkstätten ersetzt, die wesentlich schneller waren ... aber vor allem die luftundurchlässigen Sprunganzüge aus Kunststoff beförderten uns vom tiefen Mittelalter ins Jahrhundert der Raumfahrt. Wir machten entwicklungsmäßig einen ungeheuren Satz nach vorne und überholten in rasendem Tempo die Konkurrenz aus aller Welt."

Für dieses „rasende Tempo" hat ohne Zweifel auch Seppl Reinalter durch „seine" Sprunganzüge gesorgt, die heute so selbstverständlich sind wie der neue V-Stil. Die Springer haben das dem Seppl nie vergessen. Neben den vielen Freunden aus dem alpinen Skilager verehren die Springer ihren Seppl besonders. Er wird oft „der Springervater" genannt, ein Ehrenname, auf den er besonders stolz ist.

Zweimal um die Erde

Dieses Buch wäre unvollständig, schriebe man nicht auch ein paar Zeilen über Seppls „Leidenschaften".

Daß er noch in reifem Alter mit dem Tennisspielen begonnen hat und dann selbst für jüngere Gegner ein gefürchteter Partner war, der die Grundschläge tadellos beherrschte und sich schnell auf seinen Beinen bewegte, wissen die Damen und Herren vom Tennisclub in Terfens, die ihn schon wegen seines ansteckenden Humors gern hatten, viel mit ihm „kämpften" und noch mehr mit ihm lachten. Leider kommt Sepp in den letzten Jahren nur noch selten zu seinen Tennisfreunden und -freundinnen. Nicht das Alter hindert ihn jetzt am Tennisspielen, sondern die Folgen einer schweren Operation, die ihn mehr schwächte, als er es angenommen hatte, sind schuld an seiner Tennispause.

Das hindert aber den unverwüstlichen Sepp nicht, täglich zu wandern. Wenn ich „wandern" sage, dann sind nicht halbstündige Spaziergänge gemeint, sondern lange, mehrstündige Bergwanderungen in der Gegend des Karwendel, also in den Bergen, die im Norden seines Hauses steil aufragen und ihn täglich in ihr wunderschönes Reich locken. Ob es regnet oder schneit, ob der Wind über das Joch her weht oder die heimatlichen Berge in strahlendem Sonnenschein liegen, der Sepp ist immer auf den Beinen, mit und ohne Hund. Er hat mir einmal zusammengerechnet, wie viele Kilometer er in den letzten zehn Jahren gegangen ist. Täglich waren es mindestens 20(!) km. Das sind dann im Jahr etwa 7.200 km und in zehn Jahren 72.000 km. Wenn es auch noch so unglaublich erscheint, es stimmt. Rechnet man hinzu, daß der Seppl auch schon früher gewaltige Tagesmärsche hinter sich gebracht hat, dann kommt es wohl der Wahrheit nahe, wenn wir feststellen, daß er rund „zweimal um unsere Erde" marschiert ist. Eine gewaltige Leistung, die man ihm – auf den ersten Blick – gar nicht ansieht.

Daß er ein überdurchschnittlich ausdauernder Geher ist, bewies er auch 22 Jahre lang beim „Karwendelmarsch". Diesen hochalpinen Leistungsmarsch, der von Scharnitz aus über viele Jöcher und Almen bis nach Pertisau gegangen werden mußte, 54 km lang war und einen Höhenunterschied von rund 2000 m aufwies, hat der Tiroler Skiverband ins Leben gerufen. Es war zur Zeit der Volksmärsche, die inzwischen etwas „eingeschlafen" sind. Damals aber, noch vor wenigen Jahren, waren die Menschen hellauf begeistert. Bis zu 4.800 Teilnehmer nahmen oft die Plage auf sich, und alle freuten sich, wenn der harte Tag durchgestanden war – auch der Seppl. Er war einer der wenigen Teilnehmer, die alle Karwendelmärsche, also alle 22, von Scharnitz bis nach Pertisau mitgemacht haben. Und wie er das tat! Als er so um die 60 war, soll er tatsächlich nach einem Karwendelmarsch am frühen Abend noch ein Tennismatch gespielt haben. Seppl war eine Konditionsmaschine. Zäh und ausdauernd, wie er gearbeitet hatte, so verhielt er sich auch beim Bergwandern. Ich kann mich noch gut an jenen Marsch erinnern, bei dem sich der Sepp arg plagte. Wie es jedem einmal passiert, hatte er einen schlechten Tag erwischt. Er war müder als sonst und ging auch langsamer, als wir alle es von ihm gewohnt waren. Es war während des letzten mühseligen Aufstieges zur Binsalm, von der es noch einmal sehr steil und anstrengend auf das Gramaijoch hinauf und dann endlich in das zermürbend lange Falzthurntal hinuntergeht, durch das man, bereits müde und ausgelaugt, hinaushatschen muß bis an das ersehnte Ziel nach Pertisau. Ich transportierte mit einem Jeep „Nachschub" zur Binsalm hinauf, als ich vor mir den Seppl entdeckte. Müde war er heute, den Kopf ließ er hängen. „Grüaß di, Seppl", freute ich mich über die Begegnung. „Ja, wia geht's dir heut?" Der Seppl schaute kaum auf, blieb aber auch nicht stehen, um ja nichts an anstrengendem Gehweg zu verlieren. „Müad bin i heut, dös sag i dir", war seine kurze und gar nicht fröhlich klingende Antwort. Ich wollte ihm helfen und erlaubte mir die unüberlegte Einladung: „Ja, Seppl, möchtest a Stückl mitfahrn, wenigstens bis zur Alm aufi?" Jetzt aber war ich ins Fettnäpfchen getreten. Seppl blieb stehen und funkelte mich mit seinen schon müden Augen an. „Ja, was fallt denn dir ein. Geahn tu i! Und nach Pertisau kimm i, dös sag i dir, a wenn i do aufi über dös verflixte Gramaijoch kriechn müassat." Und schon setzte er seinen Karwendelmarsch fort. Er kam dann auch nach Pertisau, so wie immer, dieses Mal nur ein bißchen müder als sonst. Ja, so war er der Sepp, wenn es um eine Leistung ging, die er sich vorgenommen hatte – ein Marathonmann nicht nur in der Arbeit, sondern auch im Sport.

Noch eine Leidenschaft hat dem Seppl in seinem Leben viel Freude, zeitweise aber auch etwas Kummer gebracht: das Geben.

Vielleicht gerade deshalb, weil er eine furchtbar düstere Jugend erleben mußte, ist der Seppl seit jener Zeit, als die Geschäfte zu florieren begonnen hatten, ein stets freigebiger Freund der Jugend gewesen. Außer dem vom Tiroler Volk immer noch hoch in Ehren gehaltenen verstorbenen Landeshauptmann Wallnöfer, dem „Walli", wie ihn die Tiroler liebevoll nennen, war der Sepp wohl einer der fleißigsten Firmpaten unseres Landes. Der „Walli" führte jährlich ein ganzes Rudel Kinder zur Firmung, beschenkte sie mit einem schönen Firmgewand, einer schönen Uhr und einem noch schöneren Tag. Der Sepp Reinalter war bisher für 55 Kinder ein liebevoller Göd, auch von ihm bekamen die 54 Buben – und ein Mädchen (!) – je einen schönen Anzug, bzw. ein schönes Firmungskleid, eine Uhr und einen schönen Tag, der stets nach einem Ausflug und einem festlichen Essen sein Ende fand. Kein Wunder also, daß sich der Sepp an seinen Geburtstagen sein Telefon mit ins Bett nehmen muß. Von früh bis spät läutet es, und fast alle Patenkinder, von denen viele schon erwachsen sind, rufen ihren Göd an, um ihm „alles Gute" zu wünschen.

Der Sepp schreibt zu Weihnachten Hunderte von Karten und Briefen. Die Glückwünsche beantwortet er exakt und sauber. Da sitzt er Tage und halbe Nächte lang am Schreibtisch, um ja keines seiner Godlkinder, keinen seiner Skispringer, Skirennfahrer, Kriegskameraden und Freunde zu vergessen.

Es wird wohl während der letzten 20, 30 Jahre kaum eine Skifahrer- oder Springerhochzeit gegeben haben, zu der Seppl nicht als Ehrengast geladen war. Er freut sich jedes Mal wieder und ist glücklich, daß man ihn noch nicht vergessen hat, wie könnte man auch. Einen so fröhlichen Hochzeitsgast und liebevollen Firmgöd wie den Sepp, den kann niemand vergessen.

Was die Freunde sagen …

Dr. Karlheinz Klee, ehemaliger ÖSV-Präsident:

Immer wieder habe ich Sepp Reinalter ein Stück Weges begleitet, war es nun in meiner Eigenschaft als Rechtsanwalt oder in meiner Stellung als Präsident des Skiverbandes und des Austria Ski Pools. Immer wieder führten uns – in der Mehrzahl allerdings – Schwierigkeiten, manchmal aber auch erfreuliche Anlässe zusammen. Die Zusammenarbeit mit Sepp Reinalter war aber jederzeit durchaus angenehm; seine Verläßlichkeit und seine ehrliche, offene Art haben das ermöglicht.

Anläßlich einer gemeinsamen Geschäftsreise nach Japan mit einer nachfolgenden Tour durch den Fernen Osten kamen Sepp und ich uns auch menschlich näher, und es entwickelte sich eine Freundschaft, die bis heute andauert.

Bei vielen gemeinsamen Erlebnissen und auf Grund von Sepps Erzählungen aus seinem Leben kam mir oft der Gedanke: „Das müßte man eigentlich aufschreiben!“ Das hat nunmehr unser Freund Wolfgang Girardi getan. Dieses Buch wird aufzeigen, wie aus dem „Waisenhaus-Pepperl“ der „Sepp, eine Tiroler Legende“, wurde, wie das Leben dem Rohdiamanten Josef Reinalter durch Freud und Leid immer neue glänzende Facetten schliff, sodaß er zur strahlenden, bekannten und überaus beliebten Erscheinung in Tirol und in der Sportwelt wurde.

Prof. Peter Schröcksnadel, ÖSV-Präsident:

Den Sepp kenne ich schon jahrzehntelang. Nicht durch den Skiverband, sondern durch die Geschäftsverbindung meiner Eltern, die eine Bekleidungsfirma führten, mit der Firma Reinalter. Eigentlich war ja der Sepp Reinalter einer unserer Konkurrenten. Es gab aber zwischen ihm und uns nie ein böses Wort oder gar eine unfaire Geschäftspraxis. Ich habe damals den stets lustigen und auch cleveren Sepp gern gehabt, seinen Fleiß, aber auch seine Schlauheit bewundert. Er ist mit dem ÖSV groß geworden und hat es dem ÖSV mit einer unglaublichen Freigiebigkeit gedankt. Ich glaube, daß die Partnerschaft zwischen dem

Sepp Reinalter und dem Österreichischen Skiverband eine sehr schöne und völlig problemfreie war, für die ich ihm als Präsident des ÖSV herzlich danke.

Arnold Koller, ehemaliger ÖSV-Präsident:

Den Sepp kenne ich jetzt schon fast 40 Jahre, und ich habe ihn in dieser Zeit zu schätzen gelernt. Seine humane Einstellung konnte ich fast täglich erleben, er war nämlich mein Nachbar, und wir wohnten viele Jahre Tür an Tür. Den Sepp zeichnet eine natürliche Herzensgüte und ein Taktgefühl aus, Tugenden, die manche Mitmenschen der Kriegsgeneration, die viel mitmachen mußten, haben. Begeisterungsfähig, mitfühlend und hilfsbereit ist und war der Sepp als Freund. Er konnte sich wirklich freuen und hat sich neben seinem Beruf ganz besonders dem Skisport gewidmet. Immer war er für andere da, und ich glaube, das war und ist eine seiner besonderen Stärken. Schicksalsschläge sind auch ihm nicht erspart geblieben, er hat sie aber souverän gemeistert. Ich wünsche ihm noch viele Jahre und bedanke mich für seine Freundschaft.

Univ.-Prof. Dr. Ernst Raas, lange Jahre Teamarzt des ÖSV:

In den vielen Jahren gemeinsamer Verbundenheit habe ich den Sepp als Geschäftsmann, als begeisterten Anhänger des Sports und als persönlichen Freund kennen gelernt. Mit seinen damals supermodernen Skihosen kreierte er den Begriff: „Schick mit Pfiff". Er war während seiner aktiven Zeit zentrale Anlaufstelle für alle Wintersportler, besonders für jene des ÖSV. Fleiß, Ausdauer, Geschmack und Charme zeichneten den Sepp besonders aus. Dem Sport mit Herz und Seele verbunden, gewann er die Zuneigung und Anerkennung seiner Freunde. Zu seinen besonderen Freunden zählten die Alpinen und die Springer des ÖSV. Geben bedeutete ihm stets mehr als Gewinn.

Durch seinen Charme, aber auch durch seine vorbildliche Haltung und Leistung ist Sepp vielen zum persönlichen Freund geworden. Ich bin froh und dankbar, einer davon zu sein.

Mögen der „Legende" Sepp Reinalter noch viele gesunde Jahre beschieden sein, um noch etliche Seiten in seinem Lebensbuch füllen zu können.

Prof. Baldur Preiml, Medaillengewinner und Trainer des damaligen „Springer-Wunderteams“:

Als ich 1959 als begeisterter Skispringer den Sprung in die Nationalmannschaft schaffte, erhielt ich als Eintrittsgeschenk von unserem damaligen Trainer Buwi Bradl den blauen Pullover mit den rot-weiß-roten Streifen und die langersehnte REINALTER-Keilhose. Neun Jahre später stand ich mit Reinhold Bachler voll Stolz auf dem „Olympiastockerl“ mit einer Sprunghose, eigens vom Seppl angemessen und mit allen guten Erfolgswünschen „geweiht“. Mit seinen Sprunganzügen, mit denen er der Konkurrenz immer um die berühmte Nasenlänge voraus war – wie konnte es auch anders sein? –, wurde er auch zu einem Vater der Sprungerfolge unserer Olympiasieger, Weltmeister und Weltcupsieger der 70er und 80er Jahre.

Österreich als Skination Nr. 1 in der Welt ist untrennbar mit dem Namen Sepp REINALTER und seinen exzellenten Qualitätsprodukten verbunden. Mit seiner originellen Art, seinem strahlenden Optimismus hat er viele Skisportlergenerationen begeistert. Uns allen, Sportlern, Trainern, Betreuern und Funktionären, war und ist er ein leuchtendes menschliches Vorbild, von dem wir viel lernen können. Es ist mir kein größerer Idealist je begegnet. Mögen unseren jugendlichen Achtziger noch viele aktive und freuderfüllte Jahre gegönnt sein.

Toni Innauer, Olympiasieger und späterer Trainer des österreichischen Springerteams:

Die Sanitäter, die auf mich zukamen, wankten wie Betrunkene, mitten unter ihnen erkannte ich noch den Dr. Peter Baumgartl, wie er aufgeregt in sein riesiges ÖSV-Funkgerät plärrte. Der schneebedeckte Boden unter meinen Füßen schaukelte wie ein leichtes Einmannboot. Heroisch verweigerte ich die Bahre, denn meine Mutter saß sicher vor dem Fernseher, und ich wollte demonstrieren, daß mir eigentlich nichts passiert war.

Schuld an dem Sturz war der neue, leuchtendrote, gummifizierte Sprungoverall von Sepp Reinalter!

Als erster habe ich ihn getestet, vor zwei Monaten bei Sepp Bradl im Riedingtal. Der feuerrote Anzug war in den Kniekehlen ausgepolstert – mit Schaumgummi, rundherum aalglatt und eng wie eine zweite Haut. Beim ersten Versuch flog ich auf 90 Meter hinunter. In der Luft hatte ich keine Kontrolle, alles lief viel schneller ab, ich fand keinen Halt, keine stabile Position. Trotzdem setzte ich erst beim kritischen Punkt auf. Dieser Sprung war, obwohl er sich beunruhigend angefühlt hatte, der Flug in eine neue Epoche des Skispringens.

Der Dornröschenschlaf dieser Sportart war vorbei, und die Dominanz der DDR-Athleten wurde ausgerechnet von den österreichischen (und dank Reinalter roten) Adlern ganz abrupt beendet.

Meine ersten Kontakte mit den berühmten Anzügen von Seppl Reinalter, an denen er selbst Hand anlegte, waren also nicht nur erfreulicher Art.

So kam es auch, daß ich am 29. Dezember 1974 in Oberstdorf bei exakt 76 Metern eine Bruchlandung machte. Drei Tage lang war ich im Krankenhaus, während sich die Sprungwelt weiter veränderte. Pürstl, Federer und Schnabl stiegen wie Silvesterraketen in den Himmel dieser Sportart auf. Die bis dahin nur als Platzspringer bekannten Österreicher sprangen alles in Grund und Boden und wurden über Nacht zu Volkshelden. Ganz ungeschminkt behaupte ich, daß 70 % der Leistungsexplosion auf die Sprunganzüge von Reinalter zurückzuführen waren. Willi Pürstl gewann die internationale Vierschanzentournee, die Konkurrenz war völlig paralysiert, Weltmeister warfen die Nerven weg, Olympiasieger gaben frustriert auf, weil die Springerwelt kopfstand. Und alles wegen der verd......n Anzüge!

Aber bald „sprang die ganze Welt auf" Reinalter.

Der freie Markt und die anderen Nationen wollten es so.

Wir – auch ich war zwischenzeitlich wieder genesen – hatten zwar keinen Materialvorteil mehr, dafür Selbstvertrauen der Sieger und sprangen munter in der Weltklasse mit.

„Kleider machen Leute ..."

Im Fall der wohl einmaligen Kooperation zwischen den österreichischen Skispringern und unserem „Seppl" hat dieser Spruch eine Bestätigung in einer sehr direkten und meßbaren Weise gefunden.

Dir. Andreas Steiner, ehemaliger ÖSV-Präsident und langjähriger TSV-Präsident:

Meine Erinnerungen an schöne Zeiten im ÖSV und im TSV sind ohne Gedanken an Dich, lieber Sepp, den treuen und aufopfernden, immer bereiten Helfer unserer Wettkämpferinnen und Wettkämpfer nicht möglich. Du gehörst zu mehr als 50 Jahren Skigeschichte in unserem Land, ebenso wie die ganz Großen unseres Sports.

Ich danke Dir noch einmal herzlich für Deine Treue dem Skipool Tirol gegenüber. Bleib gesund und sei herzlich gegrüßt.

Dein Andreas Steiner

Ernst und Ricki Spieß:

Wenn man sich gut kennt und über vier Jahrzehnte Müh und Plag, aber auch die Freuden des Sepp miterlebt hat, dann darf und muß man wohl auch ein paar Worte sagen zu einem wirklich außergewöhnlichen Menschen, einem Freund.

Sein Leben war geprägt von einer grenzenlosen Beseeltheit zu seinem Schneiderhandwerk. Selbstverständlich rumorte in ihm ein unbändiger Ehrgeiz. Alle seine Charaktereigenschaften aber werden überstrahlt von seiner Güte und seiner Menschlichkeit.

Neben seinem beruflichen Erfolg – vom armen Schneiderlehrling in Vomp bis zur Weltmarke „Reinalter-Keilhosen" – empfand er einen ganz natürlichen Drang, denen, die um ihn waren, zu helfen.

Für Legionen – und nicht nur für Sportler – öffnete er seine Hand und gab.

Nachdem uns die Geschichte seines Gebens in diesem Buch noch einmal in Erinnerung gerufen wurde, werden wir wohl ehrfürchtig aufschauen zu einem großen Menschen, „unserem Seppl".

Sepp, im Namen vieler danken wir Dir für alles!

Familie Spieß